論理回路入門

坂井修一 著

培風館

本書の無断複写は，著作権法上での例外を除き，禁じられています。
本書を複写される場合は，その都度当社の許諾を得てください。

まえがき

　IT時代の到来とともに，ディジタル論理回路の重要性が増している。携帯電話やパソコンを利用する人は増える一方であるうえ，家電や自動車に入っている組込み型プロセッサの恩恵に浴していない人は，いまやどこにもいないといってよい。利用者の立場に立てばディジタル論理回路は便利な裏方でよく，これを詳しく理解する必要などないが，21世紀の社会を支える技術系諸君にとって，これを理解し活用する能力を身につけることは必須である。

　本書は，はじめてディジタル論理回路を学ぶ人を対象とし，回路の理解と設計の基本を学んでもらうことを目的に書かれた。したがって，本書を読むにあたって，特別の予備知識を必要としない。高校卒業の学力があれば十分理解できる内容である。

　本書は，2進数の算法，論理演算，組合せ回路の設計法と代表的な組合せ回路，フリップフロップ，順序回路の設計法と代表的な順序回路，論理回路の実現，メモリ，ディジタル回路からコンピュータへ，という流れで書かれている。したがって，順番に読み進めばゼロから着実に知識が身につくだろう。あるいはすでにいくらか知識のある人は，未知のことがらの書かれている章から始めて，ときどき前の章を参照する，というやりかたで読めば十分である。

　本書の特徴は，
（1）　回路設計などのわかりやすい実例を多数示すことで，読者の理解を容易にした点
（2）　クワイン・マクラスキー法，多出力回路設計法などを入れて一般性を高めた点
（3）　適切なレベルの演習問題を章末に記し，全問題の解答を巻末に記した点
（4）　例示した回路を組み合わせることによって，コンピュータの基本をボトムアップ的にわかるようにした点

などである．特に演習問題については，読者はできるだけ全問題を解くよう試みてほしい．

　現実のディジタル論理回路は，いまも指数関数的発展を続けている．しかし，最先端のディジタル技術もその全体が本書で述べた基礎技術の上にあるといってよい．読者が本書をきっかけとして，最先端の情報システム技術を学ばれるところまで進まれることを，著者として切望する次第である．

　本書の上梓にあたって，これまでお世話いただいた培風館の松本和宣さんと馬場育子さんにお礼を申し上げたい．松本さんは，怠惰な著者を静かに励まし続け，また，適切なタイミングで適切なアドバイスをしてくれた．次に，東大での私の講義「論理回路基礎」に参加し，さまざまな質問をしてくれた受講生諸君に感謝する．本書はこの講義のスライドをもとにしており，志願した受講生数名には本書の原稿のチェックをしてもらった．また，例題や演習問題の一部には同講義の練習問題や試験問題を使った．こうした基礎分野においても，ユニークな解答がありえることを，答案を見つめながら何度も感じたのを覚えている．

　本書の執筆にあたっては細心の注意を払ったつもりだが，なお内容説明や字句チェックに不十分なところがあるかもしれない．この点，諸賢のご叱責を賜ればありがたい．

　本書が新しいディジタル技術者の育成に一役買うことになれば，著者としては望外の喜びと考える．

　2003年8月

坂 井 修 一

目　次

1. ディジタル計算入門   1
  1.1 ディジタルとアナログ …………………………………… 1
  1.2 2 進 数 …………………………………………………… 3
      1.2.1 数 の 表 現　3
      1.2.2 2 進数と 10 進数の変換　4
      1.2.3 16 進 数　5
      1.2.4 符　号　6
  1.3 2 進数の算術演算 ………………………………………… 6
      1.3.1 1 ビットの四則演算　7
      1.3.2 n ビットの加算　7
      1.3.3 減　算　9
      1.3.4 乗　算　9
      1.3.5 除　算　12
    演習問題 1 ……………………………………………………… 14

2. 論 理 演 算   15
  2.1 組合せ回路と順序回路 …………………………………… 15
  2.2 組合せ回路と論理関数 …………………………………… 16
  2.3 三つの基本論理演算――AND, OR, NOT―― ………… 17
  2.4 完 備 性 …………………………………………………… 19
  2.5 ブール代数 ………………………………………………… 19
  2.6 NAND, NOR, XOR, EQ ………………………………… 20
  2.7 MIL 記法 ………………………………………………… 23
  2.8 多入力素子 ………………………………………………… 25
  2.9 標 準 形 …………………………………………………… 26
      2.9.1 標準形の必要性　26
      2.9.2 用語の定義　27
      2.9.3 加法標準形（積和標準形）　27

  2.9.4 乗法標準形(和積標準形) 29
  2.9.5 標準形の記述法 31
 演習問題 2 …………………………………………………… 34

3. 組合せ回路の設計法　35

 3.1 組合せ回路設計の一般論 …………………………………… 35
 3.2 組合せ回路の簡単化 ………………………………………… 38
 3.3 カルノー図による簡単化 …………………………………… 41
  3.3.1 カルノー図の作り方 42
  3.3.2 カルノー図を使った組合せ回路の簡単化 44
 3.4 クワイン・マクラスキー法による簡単化 ………………… 49
 3.5 例 ……………………………………………………………… 52
 3.6 ドントケア出力 ……………………………………………… 54
 3.7 複数の出力があるときの簡単化 …………………………… 56
  3.7.1 複数出力の組合せ回路 56
  3.7.2 簡単化のための準備 58
  3.7.3 簡単化の手順 58
 演習問題 3 …………………………………………………… 63

4. 代表的な組合せ回路　65

 4.1 よく使われる組合せ回路 …………………………………… 65
 4.2 加　算　器 …………………………………………………… 65
 4.3 減　算　器 …………………………………………………… 70
 4.4 ALU …………………………………………………………… 73
 4.5 デ コ ー ダ …………………………………………………… 75
 4.6 エ ン コ ー ダ ………………………………………………… 77
 4.7 マルチプレクサ ……………………………………………… 78
 4.8 デマルチプレクサ …………………………………………… 80
 4.9 コンパレータ ………………………………………………… 81
 4.10 パリティ生成器とパリティチェッカ ……………………… 82
 演習問題 4 …………………………………………………… 83

5. フリップフロップ　85

 5.1 SRラッチ——一番簡単な記憶回路—— ………………… 85
 5.2 Dラッチ ……………………………………………………… 87
 5.3 ゲートつきラッチ …………………………………………… 88

目　次　　　　　　　　　　　　　　　　　　　　　　　　　　v

 5.4　フリップフロップ ……………………………………… 89
 5.5　マスタスレーブ型フリップフロップ ………………… 91
   5.5.1　フリップフロップの問題点　91
   5.5.2　マスタスレーブ型フリップフロップ　92
 5.6　JKフリップフロップ …………………………………… 94
 5.7　Tフリップフロップ …………………………………… 95
 5.8　エッジトリガ型フリップフロップ …………………… 96
 5.9　レジスタ ………………………………………………… 98
 5.10　フリップフロップの変換 …………………………… 99
   演習問題 5 ……………………………………………… 101

6. 基本的な順序回路　　　　　　　　　　　　　　　　103

 6.1　順序回路とは …………………………………………… 103
 6.2　非同期カウンタ ………………………………………… 104
   6.2.1　非同期カウンタの基本形　104
   6.2.2　2べき以外のカウンタ　105
   6.2.3　ダウンカウンタ，アップダウンカウンタ　105
   6.2.4　カウンタの応用　107
 6.3　同期カウンタ …………………………………………… 109
   6.3.1　同期カウンタの基本形　109
   6.3.2　2べき以外のカウンタ　110
 6.4　シフトレジスタ ………………………………………… 112
   6.4.1　シフトレジスタの基本形　112
   6.4.2　シフトレジスタと直列並列変換　113
   6.4.3　シフトレジスタの一般形　113
 6.5　リングカウンタ ………………………………………… 114
   6.5.1　リングカウンタの基本形　114
   6.5.2　自己補正型リングカウンタ　114
   6.5.3　ツイステッドリングカウンタ　116
   演習問題 6 ……………………………………………… 116

7. 一般的な順序回路　　　　　　　　　　　　　　　　119

 7.1　順序回路の解析と設計 ………………………………… 119
 7.2　動作のモデル …………………………………………… 119
 7.3　順序回路の解析法 ……………………………………… 121
   7.3.1　順序回路の解析　121
   7.3.2　例　題　121

7.4 順序回路の設計法 ………………………………………………………… 124
    7.4.1 順序回路の設計　124
    7.4.2 例題(1)——もっとも簡単な信号機——　125
    7.4.3 JK フリップフロップを用いた順序回路　127
    7.4.4 例題(2)——黄色のある信号機——　128

7.5 設計の最適化 ……………………………………………………………… 131
    7.5.1 順序回路の最適化　131
    7.5.2 状態数の最少化　132

7.6 順序回路設計の例 ………………………………………………………… 135
    7.6.1 自動販売機　136
    7.6.2 パターンマッチング　138
    7.6.3 数　　列　141

演習問題 7 ……………………………………………………………………… 144

8. 論理回路の実現　　147

8.1 論理素子 …………………………………………………………………… 147
8.2 基本動作原理 ……………………………………………………………… 147
    8.2.1 半導体の pn 接続　147
    8.2.2 ダイオードによる AND 回路, OR 回路　148
    8.2.3 npn 型トランジスタ　149
    8.2.4 トランジスタによる NOT 回路　149
    8.2.5 基本論理回路の実現　150

8.3 TTL 回路 …………………………………………………………………… 150
    8.3.1 基 本 回 路　150
    8.3.2 TTL の特徴　151

8.4 CMOS 論理回路 …………………………………………………………… 152
    8.4.1 MOS FET　152
    8.4.2 CMOS による NOT 回路　153
    8.4.3 NAND 回路　153
    8.4.4 CMOS の特徴　153

8.5 出 力 回 路 ………………………………………………………………… 154
    8.5.1 ワイヤード OR　154
    8.5.2 オープンコレクタ　155
    8.5.3 3 状態出力　156

8.6 プログラマブル・デバイス ……………………………………………… 157
    8.6.1 PLA　158
    8.6.2 PAL と GAL　159

目 次　　　　　　　　　　　　　　　　　　　　　　　vii

　　　　8.6.3　FPGA と CPLD　　160
　　8.7　CAD ……………………………………………………… 160
　　　　演習問題 8 ……………………………………………… 162

9. メ モ リ　　　　　　　　　　　　　　　　　　　　165
　　9.1　メモリとは …………………………………………… 165
　　9.2　ROM ………………………………………………… 166
　　　　9.2.1　ROM の構成　　167
　　　　9.2.2　ROM の分類　　168
　　9.3　SRAM ………………………………………………… 169
　　9.4　DRAM ………………………………………………… 170
　　　　9.4.1　DRAM セルの構造　　170
　　　　9.4.2　DRAM の構成と動作　　171
　　　　9.4.3　高速ページモード　　173
　　　　9.4.4　シンクロナス DRAM（SDRAM）　　174
　　　　9.4.5　RDRAM　　175
　　9.5　メモリの使いかた …………………………………… 176
　　　　9.5.1　メモリチップの接続　　176
　　　　9.5.2　メモリによる組合せ回路の実現　　177
　　　　演習問題 9 ……………………………………………… 178

10. ディジタル回路からコンピュータへ　　　　　　　179
　　10.1　コンピュータとは …………………………………… 179
　　10.2　ALU と演算サイクル ……………………………… 180
　　10.3　命　　令 ……………………………………………… 182
　　10.4　命令実行のしくみ(1)――算術論理演算命令の実行――
　　　　………………………………………………………… 183
　　10.5　命令実行のしくみ(2)――メモリ操作命令―― …… 183
　　10.6　命令実行のしくみ(3)――シーケンサと分岐命令―― … 184
　　10.7　マイクロプロセッサ ………………………………… 186
　　　　演習問題 10 ……………………………………………… 186

演習問題解答　　　　　　　　　　　　　　　　　　　　187

参 考 文 献　　　　　　　　　　　　　　　　　　　　222

索　　　引　　　　　　　　　　　　　　　　　　　　223

1.
ディジタル計算入門

1.1 ディジタルとアナログ

　われわれのいまの日常生活は，ディジタル回路 (digital circuit) によって支えられており，これは時がたつとともにますます大きな広がりを見せている。このことは，一つにはコンピュータ (computer) が普及し，その用途がどんどん広がっているのを見ればわかるが，それ以外にも，携帯電話，時計，CD や DVD，電子交換器，ディジタルテレビ，シンセサイザなど，およそデータ (data) を作ったり，ためておいたり，伝えたり，加工したり，計算したりするものには，ディジタル回路の技術が使われている。

　ディジタル回路とは，データの量をディジタルな表現によって扱う回路である。では，「ディジタルな表現」とはなんだろうか。

　ディジタルな表現とは，「数字」で「量」を表す表現のことである。

　対象が数えられるものであるときには，自然にディジタルな表現が得られる。たとえば，本書の読者数は，1人，2人，3人と数え上げることができる。N 人のときに，N という数字で読者数を表すことができる。これが読者数のディジタルな表現である。

　一方，対象が数えられないときには，ディジタルな表現は正確には得られない。本書の読者の身長，現在の東京の気温，光が一秒で進む距離などは，正確には数えられないものである。これらのもののディジタルな表現は，近似値として数字で与えられる (図 1.1(a))。このように数えられない量 (連続量) を有限個の数字で表現することを，「量子化」「ディジタル化」とよぶ。

　「ディジタルな表現」の反対が，「アナログな表現」である。アナログな表現では，ある量は，その量に比例する別の量として表される。たとえば温度は，

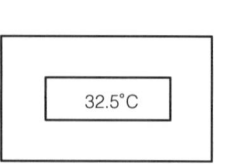
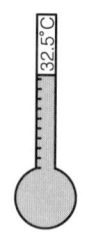

　　　　（a）ディジタルな表現　　　（b）アナログな表現
　　　　　図 1.1　ディジタルな表現とアナログな表現

水銀やアルコールの膨張した量として表されるし，時刻は時計の短針・長針の基準からの角度として表される．電流・電圧・抵抗なども，テスターの針の振れる角度として表される（図 1.1(b)）．

　ディジタルな表現は，1，2，3などの数字を画面の上で表したり，声で読み上げたりすることで与えられる．一方，コンピュータなどの内部では，これは電圧の値として表現されるのが一般的である．

　ディジタルとアナログの比較を表 1.1 に示す．ディジタルな表現による情報処理は，廉価で汎用性の高いプロセッサによって高速に実現され，情報の記憶，持ち運び，通信が容易で雑音に強く，高い精度を保つことができる．

表 1.1　ディジタルとアナログ

	ディジタル	アナログ
表現法	数字	別の「量」
ハードウェア量	多いが LSI により高集積化可能	少ない
処理速度	速い	問題による
記憶	容易	難しい
持ち運び，通信	容易	難しい
コスト	安い．特に汎用マイクロプロセッサ	問題・精度に大きく依存
精度	必要な桁数分のハードウェアを投入して達成する	構成要素（素子）に依存　一般にあまり高くない
雑音	強い	弱い
汎用性	高い	低い
インタフェース	AD/DA 変換が必要	特別な変換は不要

1.2 2進数

1.2.1 数の表現

数は，位取基数法で表現される．すなわち，B 進法の n 桁の自然数は，次のように表現される．

$$X_{n-1}X_{n-2}\cdots X_1 X_0 \qquad X_i \in \{0, 1, \cdots, B-1\}$$

これが表しているのは，次の数である．

$$X_{n-1}B^{n-1} + X_{n-2}B^{n-2} + \cdots + X_1 B + X_0$$

われわれの日常生活では，10進法 ($B=10$) が使われることが多い．これに対して，コンピュータなどのディジタル回路では，ふつう2進法 ($B=2$) が使われている．

ディジタル回路では，電線の電圧で数を表現する．図1.2に，1本の電線を使い，電圧で2進数を表現した例を示す．電線の電圧が 0～5V のときに 0 を，5V 以上のときに 1 を表している．このように，ディジタル回路においては，電圧と表現する値の関係はステップ状のグラフで表され，電圧に対して一意に「値」が決まってくる．

n 桁の2進数をディジタル表現するのには，n 本の電線を用いる．それぞれの電線の電圧は，対応する桁の値を表す．n 本の電線で2進数を表す場合，位取基数法にのっとって，それぞれの電線の電圧が各桁の値を表すこととする．

小数点以下に数字が m 個ある数は，次のように定義される．

$$X_{n-1}X_{n-2}\cdots X_1 X_0 . X_{-1} X_{-2} \cdots X_{-m+1} \qquad X_i \in \{0, 1\}$$

これが表しているのは，次の数である．

$$X_{n-1}2^{n-1} + X_{n-2}2^{n-2} + \cdots + X_1 2 + X_0 + X_{-1}2^{-1} + X_{-2}2^{-2} + \cdots + X_{-m+1}2^{-m+1}$$

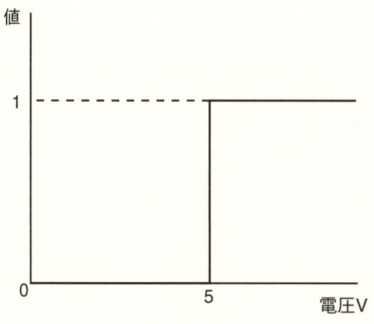

図 1.2　2進数の表現

2進数で1桁分の数のことをビットという。電子計算機上では，1ビットは1本の電線（一つの端子）の電圧で表現される。

1.2.2 2進数と10進数の変換

$X_{n-1}X_{n-2}\cdots X_1 X_0$ と表記された2進の自然数を10進数に変換するには，$X_{n-1}2^{n-1}+X_{n-2}2^{n-2}+\cdots+X_1 2+X_0$ の計算を10進数の加算・乗算のルールで行えばよい。

例題 1.1
2進数の1011を10進数に変換せよ。

[解答] $1\cdot 2^3+0\cdot 2^2+1\cdot 2^1+1=11$

逆に10進数を2進数に変換するには，これを2で割り，商を2で割り，さらに商を2で割り，と商が1になるまで2で割ることを繰り返し，

　　最後の商，最後の剰余，最後から2番目の剰余，…，最初の剰余

と順番に並べればよい。

例題 1.2
10進数の91を2進数に変換せよ。

[解答]
```
2 ) 91
2 ) 45 … 1
2 ) 22 … 1
2 ) 11 … 0
2 )  5 … 1
2 )  2 … 1
     1 … 0
```
$91(10進法)=1011011(2進法)$

小数点以下を含むときの変換についても同様である。2進数から10進数への変換は，

$$X_{n-1}2^{n-1}+X_{n-2}2^{n-2}+\cdots+X_1 2+X_0+X_{-1}2^{-1}+X_{-2}2^{-2}+\cdots+X_{-m+1}2^{-m+1}$$

の計算を10進数の加算・乗算のルールで行えばよい。逆に小数点以下のある10進数を2進数に変換するには，自然数部分については上記の方法をとり，小数点以下は「2倍にすること」を繰り返して小数点から上にでてきた数(0または1)を並べていく。

1.2 2進数

―― 例題 1.3 ――
2進数の 101.011 を 10進数に変換せよ。

[解答] $1 \cdot 2^2 + 0 \cdot 2^1 + 1 + 0 \cdot 2^{-1} + 1 \cdot 2^{-2} + 1 \cdot 2^{-3} = 5.375$

―― 例題 1.4 ――
10進数の 0.6 を 2進数に変換せよ。

[解答]
$$\begin{array}{rcl}
0.6 \times 2 & \longrightarrow & 1.2 \cdots 1 \\
(1.2-1) \times 2 & \longrightarrow & 0.4 \cdots 0 \\
0.4 \times 2 & \longrightarrow & 0.8 \cdots 0 \\
0.8 \times 2 & \longrightarrow & 1.6 \cdots 1 \\
(1.6-1) \times 2 & \longrightarrow & 1.2 \cdots 1 \quad (\text{以下, 繰り返し}) \\
\therefore \ 0.6_{(10)} & = & 0.\dot{1}00\dot{1}_{(2)}
\end{array}$$

この例に見られる通り，10進数では有限小数でも2進数では循環小数になることがある。

1.2.3 16進数

1.2.1項の X_i の値を，0から15までの数としたものが16進数である。ここで，10から15までの数を，順番に A, B, C, D, E, F で表す。

16進数は，次のように表される。

$$X_{n-1}X_{n-2}\cdots X_1X_0.X_{-1}X_{-2}\cdots X_{-m+1} \qquad X_i \in \{0, 1, \cdots, 9, A, B, \cdots, F\}$$

これが表しているのは，次の数である。

$$X_{n-1}16^{n-1} + X_{n-2}16^{n-2} + \cdots + X_1 16 + X_0 + X_{-1}16^{-1} + X_{-2}16^{-2} + \cdots + X_{-m+1}16^{-m+1}$$

たとえば，EF は 10進数では $14 \times 16 + 15 = 239$ を，15.A4 は 10進数では $1 \times 16 + 5 + 10 \times 16^{-1} + 4 \times 16^{-2} = 21.640625$ を表す。

16進数が便利なのは，2進数を短く表現できる点である。たとえば2進数の 1001111011110111 は，16進数で書けば，9EF7 と表される。このように，2進数を4桁ずつまとめたものが16進数の表現となる。

1.2.4 符号

これまでは，2進法の正の数(または0)を扱ってきた。この項では負の数の扱いについて述べる。

2進数で負の数を表すためには，補数(complement)表示を用いる。補数表示とは，最上位のビットを符号を表すものとし，これが0のとき正の数，1のとき負の数とみなすという数の表現法である。以下で述べるように，補数表示

によって，電子計算機の中では，加減算はすべて正の加算とわずかな補正だけで行えるようになる。

補数には，1の補数(1's complement)と2の補数(2's complement)がある。図1.3に両者を比較して示す。図でnは桁数を表す。

符号	X が正のとき X X が負のとき $2^n - X - 1$

（a）1の補数表示

符号	X が正のとき X X が負のとき $2^n - X$

（b）2の補数表示

図 1.3　1の補数と2の補数
　　　　両者とも符号は，正のとき0，負のとき1

いま，3桁の数を例として考えると，-5の1の補数表示は1010，2の補数表示は1011となる。

1の補数表示では，負の数$-x$を表すのに2^n-x-1を用いる。ただしnは，「xのとりうる最大の桁数$+1$」である。1の補数は，xの各桁の1と0を反転したものとなる。

これに対して，2の補数表示では，負の数$-x$を表すのに，2^n-xを用いる。2の補数は，xの各桁の1と0を反転し，結果に1を加えたものとなる。

1の補数表示を採用した場合，表現できる値の範囲は次のようになる。
$$-2^{n-1}+1 \leq X \leq 2^{n-1}-1$$
また，0の表現として，0000と1111の2種類が可能となる。

2の補数表示を採用した場合，表現できる値の範囲は，
$$-2^{n-1} \leq X \leq 2^{n-1}-1$$
となり，1の補数にくらべて負の最大値が1小さくなる。また，0の表現は，0000だけとなる。

今日の電子計算機の内部表現としては，ほとんど2の補数表示が使われている。本書でも，以下，特別に断らないかぎり2の補数表示を用いることとする。

1.3　2進数の算術演算

ディジタル回路の演算として，もっとも基本的なものが，2進数の算術演算(arithmetic operation)と論理演算(logic operation)である。ここでは，算術

1.3 2進数の算術演算

演算の定義について述べ、論理演算については次章で述べることとする。

1.3.1 1ビットの四則演算

表1.2に、1ビットの数どうしの四則演算の定義を示す。

表 1.2　1ビットの四則演算

X	Y	加算 $X+Y$	桁上げ	減算 $X-Y$	借り	乗算 $X \times Y$	除算 $X \div Y$
0	0	0	0	0	0	0	—
0	1	1	0	1	1	0	0
1	0	1	0	1	0	0	—
1	1	0	1	0	0	1	1

10進一桁の四則演算と同様であるが、数字が二つしかないぶんだけ、単純になっている。表において、「桁上げ」(carry)とは、上位桁に足し込む値のことであり、「借り」(borrow)とは、上位桁から引き去る値のことである。

1.3.2 nビットの加算

1.3.1項の1ビットの加算(addition)を各桁について行う。桁上げを考慮すると、各桁の加算は、表1.3で表されるものとなる。

表 1.3　桁上がりのある加算

X	Y	桁上げ入力	$X+Y$	桁上げ出力
0	0	0	0	0
0	0	1	1	0
0	1	0	1	0
0	1	1	0	1
1	0	0	1	0
1	0	1	0	1
1	1	0	0	1
1	1	1	1	1

Xは被演算数、Yは演算数、桁上げ入力 (carry in) は下位ビットからの桁上がり、桁上げ出力 (carry out) は上位ビットへの桁上がりである。

ここで、3桁の加算をいくつか例にあげて、符号と桁あふれ(overflow)を含めた加算のやりかたについて考えよう。

―― 例題 1.5 ――
2進数で3桁(4ビット)の数の加算を，正数＋正数，正数＋負数，負数＋負数について，それぞれ例示せよ。ただし，負数は2の補数表示による。

[解答]
(1) 正数＋正数
 0011＋0010＝0101 （3＋2＝5）
 0011＋0101＝1000 （3＋5 ―→ 桁あふれ）
(2) 正数＋負数
 0011＋1011＝1110 （3＋(−5)＝−2）
 0011＋1110＝0001 （3＋(−2)＝1）
(3) 負数＋負数
 1101＋1110＝1011 （−3＋(−2)＝−5）
 1101＋1010＝0111 （−3＋(−6) ―→ 桁あふれ）

この例題からもわかるように，加算は次のルールで行えばよい(図1.4)。

---

(1) 正の数(0を含む)と正の数の加算は，各桁のビットについて表1.3を行い，最上位のビットが1になったら，桁あふれ(オーバフロー，overflow)とみなす。
(2) X, Y のどちらか一方が負の数で他方が正の数だった場合も，各桁のビットについて表1.3の計算を行えばよい。この場合は，桁あふれは起こらない。
(3) X, Y の両方が負の数の場合も，各桁のビットについて表1.3の計算を行えばよい。この場合は，最上位のビットが0となったら，桁あふれとみなす。

図 1.4 2進数の加算

(2)(3)の理由を説明しよう。
(2) X が正の数，Y が負の数だったとすると，式の変形によって，
$$X+Y=X+(2^n-|Y|)-2^n$$
$$=(X+Y^*)-2^n \quad (Y^* は Y の2の補数)$$
となり，有効桁の範囲では2の補数の加算を計算したもの$(X+Y^*)$と結果が同じであることがわかる。最上位の桁の桁上げ出力が1になる場合だけが問題であるが，これは次のように分類される。
 (i) $X+Y^*$ が桁あふれを起こさないとき
  結果は負である。補数の和をとって-2^n したのが結果の値であるか

ら，$X+Y$ で桁あふれは発生していない．
（ii） $X+Y^*$ が桁あふれを起こすとき

　　結果は正であり，桁上げ出力が1となる．これは 2^n であり，桁上げ出力と式の -2^n が相殺するため，$X+Y$ で桁あふれは発生していない．

（3） X と Y がともに負の数だったとすると，式の変形により，

$$X+Y=(2^n-|X|)+(2^n-|Y|)-2^{n+1}$$
$$=(X^*+Y^*)-2^{n+1}$$

　　　　　　　　　　（X^*，Y^* はそれぞれ X，Y の2の補数）

となり，これも有効桁の範囲では2の補数の加算を計算したもの(X^*+Y^*)と結果が同じであることがわかる．この場合は，X^*，Y^* ともに最上位が1であるから，答えは負の数であり，必ず桁あふれが生じる．最上位ビットの値によって，次のように分類される．

（i） (X^*+Y^*) の最上位ビットが0のとき

　　-2^{n+1} した数が，表現できる範囲に入っておらず，桁あふれが発生している．

（ii） (X^*+Y^*) の最上位ビットが1のとき

　　$X+Y$ は，表現できる範囲に入っており，桁あふれは発生していない．

1.3.3　減　　算

　減算(subtraction)は，演算数(引く数)の補数をとって被演算数に加える操作を行えばよい．これは，1.3.2項で述べた場合に置き換えられる．場合をつくせば以下の通りである．

　　　　　正数から正数を引く減算は，正数と負数の加算となる．
　　　　　正数から負数を引く減算は，正数と正数の加算となる．
　　　　　負数から正数を引く減算は，負数と負数の加算となる．
　　　　　負数から負数を引く減算は，負数と正数の加算となる．

1.3.4　乗　　算

　2進数の乗算(multiplication)は，表1.2の1ビット乗算のルールを適用し，10進数と同様に行えばよい．まずは例題によって，乗算のやりかたをみてみよう．

―― 例題 1.6 ――
2進数で3桁(4ビット)の数の乗算を，正数×正数，負数×正数についてそれぞれ例示せよ。

[解答]
（1） 正数×正数：5×3＝15

```
          0101
  ×       0011
          0101
         0101
        0000
  +    0000
      00001111
```

（2） 負数×正数：(−5)×3＝−15

```
          1011
  ×       0011
       11111011
        1111011
        0000
  +    0000
      11110001
```

被乗数が負数の場合は，最上位の桁を補塡するときに，1を入れることに注意されたい。

次に，乗数が負数のときを見てみよう。

―― 例題 1.7 ――
2進数で3桁(4ビット)の数の乗算を，正数×負数，負数×負数についてそれぞれ例示せよ。

[解答] 例題1.6と同じやりかたで解いた場合：
（1） 正数×負数：5×(−3)＝−15

```
          0101
  ×       1101
          0101
         0000
        0101
  +    0101
      01000001        【間違い】
```

1.3 2進数の算術演算

(2)　負数×負数：$(-5) \times (-3) = 15$

```
          1011
    ×     1101
        1111011
         0000
         11011
    +    1011
       100111111              【間違い】
```

　これらが間違えたのは，乗数が負のときに，その最上位の1を「+1」として乗算結果を正数として加えてしまったことに原因がある。後で正確に述べるが，この場合の最上位の乗算結果は全体に足すのではなく，全体から引いてやる必要がある。

(1)′　正数×負数：$5 \times (-3) = -15$

```
          0101
    ×     1101
          0101
         0000
    +    0101
         011001
    −    0101
        11110001              【正解】
```

(2)′　負数×負数：$(-5) \times (-3) = 15$

```
          1011
    ×     1101
         111011
         0000
    +    1011
         1100111
    −    1011
        00001111              【正解】
```

　これらの例からもわかるように，乗算は次のルールで行えばよい(図1.5)。

---

(1)　被乗数を$2n$ビットに符号拡張する。すなわち，$2n \sim n+1$ビット目までに，下からnビット目の値を入れる。
(2)　1ビット目から$n-1$ビット目まで，ふつうに被乗数×乗数の数算をする。
(3)　(2)の値からnビット目の乗算結果を引く(乗数が正の場合は(2)で終わりになる)。

図 1.5　2進数の乗算

この手順が正しい理由は，上記の例題から直観的に明らかだろう．念のため，図1.5の証明を以下に記す．いま，Xを被乗数，Yを乗数とする．

[証明］（1）X，Yがともに正（または0）のとき：自明
（2）Xが負，Yが正のとき
$$X \times Y = (2^{2n} - |X|) \times Y - 2^{2n} \times Y = X^* \times Y - 2^{2n} \times Y$$
$-2^{2n} \times Y$は有効桁内には影響がないから，右辺は上記の手順で求めた値となる．
（3）Xが正，Yが負のとき
$$X \times Y = X \times (2^n - |Y|) - 2^n \times X = X \times Y^* - 2^n \times X$$
$$= X \times (Y^*\text{の下位}n-1\text{ビット}) - 2^{n-1} \times X \quad (Y^*\text{の最上位は1})$$
最後の式は，上記の手順で求めた値となる．
（4）X，Yともに負のとき
$$X \times Y = (2^{2n} - |X|) \times (2^n - |Y|) - (2^{2n} - |X|) \times 2^n + 2^{2n} \times |Y|$$
$$= X^* \times Y^* - 2^n \times X^* + 2^{2n} \times |Y|$$
$$= X^* \times (Y^*\text{の下位}n\text{ビット}) - 2^{n-1} \times X^* + 2^{2n} \times |Y|$$
$2^{2n} \times |Y|$は有効桁内には影響がないから，右辺は上記の手順で求めた値となる．■

1.3.5 除　算

除算(division)も10進数の場合と同様に計算される．まず，正数どうしの除算の手順を図1.6に示す．

（1）被除数と除数の最上位の1がそろうまで除数を左シフト(2倍)する．このときのシフトの回数をSとする．
（2）被除数から除数を引く．
（3）結果が正なら商に1をたてる．負なら0をたてて，除数を足しもどす．
（4）除数を1ビット右シフトして，(2)(3)を繰り返す．除数のビットをS回右シフトしたときの操作で終了．

図 1.6　2進数の除算(正数÷正数)

次に，被除数・除数の符号に制約を設けない除算の手順を考える．ここでは，引き放し法とよばれるやりかたを図1.7に示し，例題によってこれを確認することとする．

1.3 2進数の算術演算

（1） 被除数を $2n-1$ ビットに符号拡張する。すなわち，$2n-1$〜$n+1$ ビット目までに，下から n ビット目の値を入れる。これを D_0 とする。
（2） 除数を $n-1$ ビット左シフトする。すなわち，除数に 2^{n-1} をかける。これを D_1 とする。
（3） $Q=0$ とする（商の初期値の設定）。
（4） D_0 と D_1 の符号が同じか，または $D_0=0$ のとき $D_0=D_0-D_1$，そうでないとき $D_0=D_0+D_1$ とする。
（5） 新しい D_0 と D_1 の符号が同じか，または新しい $D_0=0$ のとき，Q の一番右のビットを1にする。そうでないとき，Q の一番右のビットを0とする。
（6） D_1 を1ビット右シフトする。Q を1ビット左シフトする。
（7） （4）〜（6）を $n-1$ 回繰り返す。最後に（4）（5）をもう一度行う。
（8） Q の一番右のビットが0のとき，$D_0=D_0+D_1$ とする。
（9） 商は Q，余りは D_0 となる。なお，このとき余りの符号は除数の符号に合わせてある。

図 1.7　2進数の除算（引き放し法）

次に除算の例を示す（例 1.1）。読者はこのアルゴリズムのしくみを検証してほしい（演習問題 1.7）。

例 1.1　2進数の除算

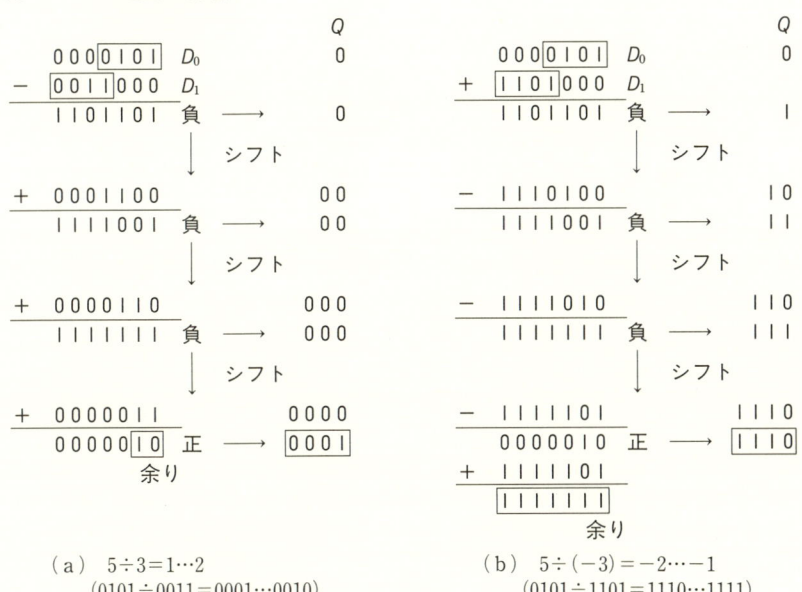

(a)　$5 \div 3 = 1 \cdots 2$
　　　$(0101 \div 0011 = 0001 \cdots 0010)$

(b)　$5 \div (-3) = -2 \cdots -1$
　　　$(0101 \div 1101 = 1110 \cdots 1111)$

図 1.8　2進数の除算（例）（次ページにつづく）

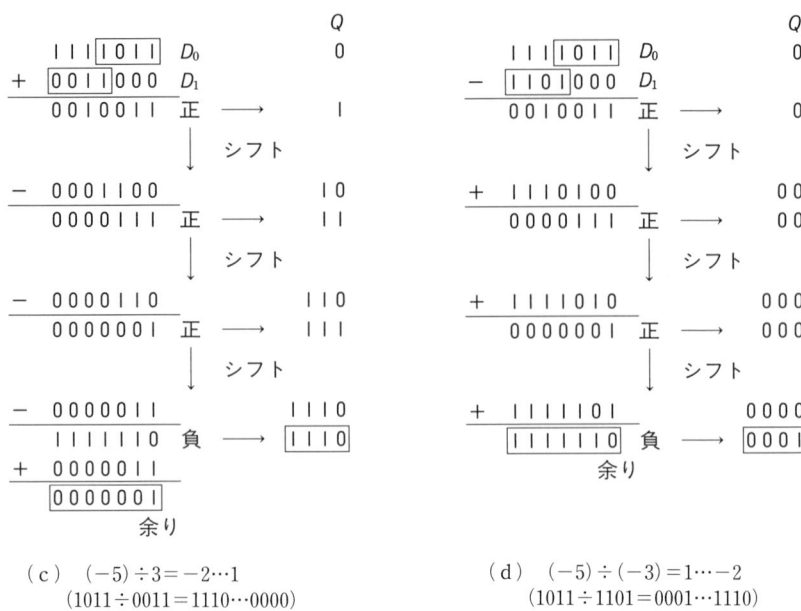

(c) $(-5) \div 3 = -2\cdots 1$
($1011 \div 0011 = 1110\cdots 0000$)

(d) $(-5) \div (-3) = 1\cdots -2$
($1011 \div 1101 = 0001\cdots 1110$)

図 1.8 つづき

演習問題 1

1.1 アナログ方式の温度計とディジタル方式の温度計の特徴を比較せよ。

1.2 次の2進数を10進数に変換せよ。
   101011, 0.11, 110.101

1.3 次の10進数を2進数に変換せよ。また、それぞれを16進数に変換せよ。
   25, 102.5, 40.675

1.4 2進数を10進数に変換する際、1.2.2項に述べたやりかた(各桁ごとに2のべき乗をかけて総和をとるやりかた)ではないやりかたがある。これを示し、1.2.2項のやりかたとどちらが優れているか論ぜよ。
   [ヒント] 10進数を2進数に変換する方法をまねる。

1.5 1の補数表示をとったときの加算・減算について1.3.2項、1.3.3項と同様に確かめてみよ。

1.6 (演習問題1.5の結果をふまえて)1の補数表示と2の補数表示を、変換の手間、加算のときの補正の2点から比較せよ。

1.7 1.3.5項で述べた引き放し法による除算のしくみを解説せよ。

2.
論 理 演 算

2.1 組合せ回路と順序回路

　ディジタル回路とは，情報のディジタルな表現を用いて，これを加工したり蓄積したり計算したりする回路である．ディジタル回路は，大きく組合せ回路(combinatorial circuit)と順序回路(sequential circuit)に分類される．

　組合せ回路とは，入力に対して一意に出力の決まる回路である．状態をもたず，入力の時間的な経緯に関係なく，そのときの入力の「組合せ」だけで出力が決まることから，「組合せ回路」の名がある．1.3節で扱った算術演算を行う回路はすべて，(被演算数，演算数)の二つの入力に対して，一つの結果が出力される．したがってこれは組合せ回路によって実現される．

　このように，算術演算器は代表的な組合せ回路だが，これ以外にも比較器(値の大小を判定する回路)やセレクタ(複数の信号の中から一つの信号を選び出す回路)などが組合せ回路である．

　これに対して順序回路とは，入力と回路自身の状態によって一意に出力の決まる回路である．いま，感応式の信号機を考えてみよう．信号機の示す色は，そのとき交差点に自動車や歩行者が来ているかどうかによって変わる．これは，「入力によって出力が変わる」という性質である．ところで，信号機の色は，その前の信号機の色によっても影響を受ける．すなわち，交差点に車が近づいてきても，直前に信号が赤になったばかりのときは，すぐには信号は緑にならない．このように信号機のいまの状態によって，出力が変わってくる性質をもつ．すなわち，感応式の信号機は，「入力と回路自身の状態によって一意に出力の決まる回路」であり，順序回路といえる．

　順序回路は，状態を記憶する回路(メモリ)と，メモリの値と入力から出力と

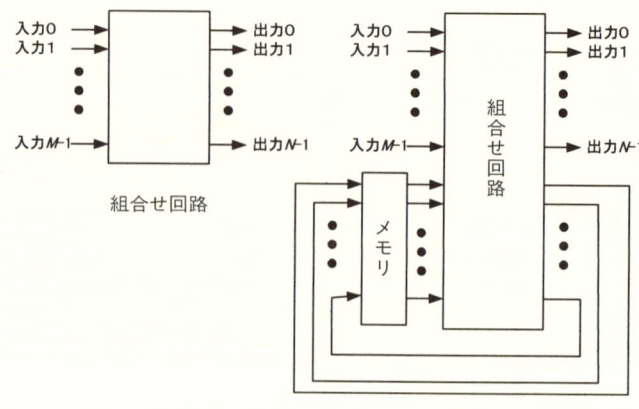

図 2.1　組合せ回路と順序回路

次の状態を決める組合せ回路からなる．

組合せ回路と順序回路の一般的なモデルを図 2.1 に示す．本書では，組合せ回路は 3 章と 4 章で，順序回路は 6 章と 7 章で学習する．

2.2　組合せ回路と論理関数

いま，2 進数の組合せ回路を考えれば，入力と出力は一つまたは複数の変数で表現され，その変数のとりうる値は，0 または 1 となる．すなわち，組合せ回路の動作は，2 進数から 2 進数への関数として表される．これを論理関数 (Boolean function) とよび，変数を論理変数 (Boolean variable) とよぶ．

通常，論理関数は，多数の入力論理変数から出力論理変数への関係づけを与えるものである．複数の出力のある場合は，出力の数だけ論理関数を用意してやればよい．図 2.2 に論理関数の一般形と，一つの出力だけをもつ形を示す．

$$F : (X_0, X_1, X_2, \cdots, X_{M-1}) \longrightarrow (Y_0, Y_1, Y_2, \cdots, Y_{N-1}) \quad X_i, Y_i \in \{0, 1\} \quad (2.1)$$
（a）一般形

$$F : (X_0, X_1, X_2, \cdots, X_{M-1}) \longrightarrow Y \quad X_i, Y \in \{0, 1\} \quad (2.2)$$
（b）出力が 1 変数の場合

図 2.2　論理関数

2.3 三つの基本論理演算——AND, OR, NOT——

以下では，しばらく出力が1変数の場合だけを扱う。

論理関数の表現法はいくつかあるが，もっとも簡単なやりかたは，入出力のパターンのすべてを表にして列挙する方法である。これを真理値表(truth table)という。例として，表2.1に，2入力(1出力)の論理関数の真理値表を示す。

表 2.1 2入力の論理関数（例）

X_0	X_1	$F(X_0, X_1)$
0	0	0
0	1	1
1	0	1
1	1	0

真理値表は，入力の一つひとつのパターンを各行に列挙し，それぞれについて出力を記すことで作られる。表2.1の場合，入力$(X_0, X_1) = (0, 0)$および$(1, 1)$のときに$F = 0$，入力$(X_0, X_1) = (0, 1)$および$(1, 0)$のときに$F = 1$となることを表している。

論理関数の入力は，各変数について$\{0, 1\}$の二つがありえるので，M入力の関数の場合，入力パターンは2^M通りとなり，これが真理値表の行の数となる。表2.1は2入力なので，$2^2 = 4$行からなる。

真理値表による論理関数の表現は，網羅的で正確である反面で，入力数が大きくなると表の大きさが指数関数的に増大する，見ただけでは直観的にどういう関数なのかが理解されにくい，などの欠点がある。

2.3 三つの基本論理演算——AND, OR, NOT——

本書では，論理演算(logical operation)を，論理関数と同じ意味で用いる。すなわち，N個の論理変数を入力とし，1個の論理変数を出力とする関数を論理演算とよぶ。

論理演算の中で，もっとも基本的なものが，AND(論理積)，OR(論理和)，NOT(否定)の三つである。

(1) AND

2入力のANDは，表2.2の真理値表で定義される論理演算である。

ANDでは，すべての入力が1のときのみ出力が1であり，他の場合の出力

表 2.2 2入力 AND

X	Y	AND (X, Y)
0	0	0
0	1	0
1	0	0
1	1	1

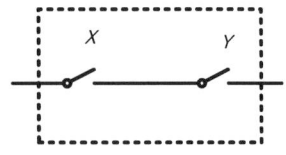

は0となる。

(2) OR

2入力のORは，表2.3の真理値表で定義される論理演算である。

表 2.3 2入力 OR

X	Y	OR (X, Y)
0	0	0
0	1	1
1	0	1
1	1	1

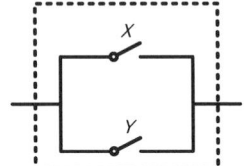

ORでは，一つ以上の入力が1のときのみ出力が1であり，全部の入力が0のときの出力が0となる。

(3) NOT

NOTは，これまでの二つの演算と異なり，入力が一つだけの論理演算である。その真理値表は，表2.4の通りである。

表 2.4 NOT

X	NOT (X)
0	1
1	0

NOTは入力の0を1に，1を0に反転させる操作である。

2.4 完備性

すべての論理関数を，少数の基本論理演算の組合せで表現できるとき，その基本論理演算の集合を，「完備集合」(complete set)という．あるいは，その基本論理演算の集合は，「完備性」(completeness)を備えているという．

論理回路を設計する立場から見れば，完備性とは，数種類の基本論理回路を組み合わせることで，どんな複雑な組合せ回路も実現できるということを示している．

定理 2.1 {AND, OR, NOT} は，完備集合である．ただし，AND と OR はともに2入力とする．

　[証明] 数学的帰納法を用いる．

　任意の M 入力の論理関数を $F(X_0, X_1, \cdots, X_{M-1})$ とする．$M=1$ のときは，論理関数は，$F(X_0)=X$ と $F(X_0)=\mathrm{NOT}(X)$ だけであり，明らかに，{AND, OR, NOT} で表される．

　いま，任意の M 入力の論理関数が {AND, OR, NOT} で表されるとする．ここで，任意の $M+1$ 入力の論理関数 $F'(X_0, X_1, \cdots, X_{M-1}, X_M)$ を考えたとき，次の式が成り立つ．

$$\begin{aligned}F'&(X_0, X_1, \cdots, X_{M-1}, X_M)\\&=\mathrm{OR}(\mathrm{AND}(F'(X_0, X_1, \cdots, X_{M-1}, 0), \mathrm{NOT}(X_M)),\\&\qquad\mathrm{AND}(F'(X_0, X_1, \cdots, X_{M-1}, 1), X_M))\end{aligned} \quad (2.3)$$

　式(2.3)の意味は，「F' の値は，$M+1$ 番目の入力を 0 としたときの F' の値と $M+1$ 番目の入力を 1 とした F' の値の OR となる」ということである．

　ところで，$F'(X_0, X_1, \cdots, X_{M-1}, 0)$ と $F'(X_0, X_1, \cdots, X_{M-1}, 1)$ は M 入力関数とみなせるから，仮定によって，{AND, OR, NOT} で表すことができる．$F'(X_0, X_1, \cdots, X_{M-1}, X_M)$ は，これらと，AND, NOT, OR を組み合わせたものであるから，やはり {AND, OR, NOT} で表すことができることになる．

　以上により，数学的帰納法によって，定理2.1が証明された．　■

2.5 ブール代数

　ブール代数(論理代数，Boolean algebra)とは，論理変数と論理関数(論理演算)を扱う代数のことである．そこでは，AND は・(かけ算の記号：論理積)で，OR は＋(足し算の記号：論理和)で，NOT は変数の上に ‾ (アッパーライン：否定)をつけて表される．

　たとえば，

$$F = X \cdot \bar{Y} + \bar{Z} \cdot W$$

は，「$\{X$ と$(Y$ の NOT$)$ の AND$\}$ をとり，$\{(Z$ の NOT$)$ と W の AND$\}$ と OR をとる」という論理演算の結果が F であることを表している。ブール代数では，$=$，$\cdot$，$\overline{}$，$+$ が基本的な記号であり，これ以外に必要に応じてカッコが用いられる。

ブール代数でさまざまな論理関数を表現するとき，これら以外の基本演算を必要としないことは 2.4 節で示した完備性が保証してくれる。

表 2.5 にブール代数の基本的な性質（演算規則）を記す。これらはすべて，真理値表を用いて容易に証明することができる。

表 2.5　ブール代数の演算規則

AND	OR	NOT
$X \cdot 0 = 0$	$X + 0 = X$	$\bar{\bar{X}} = X$
$X \cdot 1 = X$	$X + 1 = 1$	
$X \cdot X = X$	$X + X = X$	
$X \cdot \bar{X} = 0$	$X + \bar{X} = 1$	
$X \cdot Y = Y \cdot X$（交換法則）	$X + Y = Y + X$（交換法則）	
$X \cdot (Y \cdot Z) = (X \cdot Y) \cdot Z$（結合法則）	$X + (Y + Z) = (X + Y) + Z$（結合法則）	
$X \cdot (Y + Z) = X \cdot Y + X \cdot Z$（分配法則）	$X + Y \cdot Z = (X + Y) \cdot (X + Z)$（分配法則）	
$\overline{X + Y} = \bar{X} \cdot \bar{Y}$	$\overline{X \cdot Y} = \bar{X} + \bar{Y}$	（ド・モルガンの法則）

これらは，論理関数の簡単化などに使われる。例として，$A \cdot (A + B) = A$ を導いてみよう。

$$\begin{align} A \cdot (A + B) &= A \cdot A + A \cdot B \quad &\text{（分配法則）} \\ &= A + A \cdot B \quad &(X \cdot X = X) \\ &= A \cdot 1 + A \cdot B \quad &(X \cdot 1 = X) \\ &= A \cdot (1 + B) \quad &\text{（分配法則）} \\ &= A \cdot 1 \quad &(X + 1 = X, \text{ 交換法則}) \\ &= A \quad &(X \cdot 1 = X) \end{align}$$

2.6　NAND, NOR, XOR, EQ

AND, OR, NOT 以外に，よく使う論理演算に以下のものがある。

（1）NAND

2 入力の NAND は，表 2.6 の真理値表で定義される論理演算である。

2.6 NAND, NOR, XOR, EQ

表 2.6　2 入力 NAND

X	Y	NAND (X, Y)
0	0	1
0	1	1
1	0	1
1	1	0

NAND では，すべての入力が 1 のときのみ出力が 0 であり，他の場合の出力は 1 となる。NAND は，AND の結果に NOT をかけたもの (Not-AND) のことである。

ブール代数で NAND(X, Y) は，$\overline{X \cdot Y}$ と表現される。

(2) NOR

2 入力の NOR は，表 2.7 の真理値表で定義される論理演算である。

表 2.7　2 入力 NOR

X	Y	NOR (X, Y)
0	0	1
0	1	0
1	0	0
1	1	0

NOR では，全部の入力が 0 のときのみ出力が 1 となり，一つ以上の入力が 1 のときに出力が 0 となる。NOR は，OR の結果に NOT をかけたもの (Not-OR) のことである。

ブール代数で NOR(X, Y) は，$\overline{X + Y}$ と表現される。

NAND, NOR に関する重要な性質として，これらは一種類だけで完備性を満足する，ということがある。すなわち，{NAND}, {NOR} はそれぞれ単独ですべての論理関数を作り出すことができる (演習問題 2.1 で確かめよ)。

(3) XOR

XOR は排他的論理和 (eXclusive OR) のことである。2 入力の XOR は，表 2.8 の真理値表で定義される論理演算である。2 入力の XOR では，入力のうち，どちらか一つだけが 1 のときに出力が 1 となる。すなわち，OR 演算の $(1,1) \to 1$ を $(1,1) \to 0$ にかえたものである。

ブール代数で XOR(X, Y) は，$X \oplus Y$ と表現される。

表 2.8 2入力 XOR

X	Y	XOR (X, Y)
0	0	0
0	1	1
1	0	1
1	1	0

（4） EQ

2入力の EQ(EQuivalence)は，表2.9の真理値表で定義される論理演算である。すなわち，二つの入力が等しいときに出力が1，異なるときに0となる。また，EQは，XOR演算の結果に NOT をかけたものである。

ブール代数で EQ(X, Y)は，$X \odot Y$ と表現される。

表2.10に，2入力の論理演算をすべて列挙した。論理演算は，全部で$(2^2)^2$＝16通りあり，これまでに出た AND, OR, NOT などの基本演算か，これらの組合せをもって表現できる。

表 2.9 2入力 EQ

X	Y	EQ (X, Y)
0	0	1
0	1	0
1	0	0
1	1	1

表 2.10 2入力の論理演算

	X	0	0	1	1	論理演算	
	Y	0	1	0	1		
出力		0	0	0	0	0	0
		0	0	0	1	AND	$X \cdot Y$
		0	0	1	0		$X \cdot \overline{Y}$
		0	0	1	1	X	X
		0	1	0	0		$\overline{X} \cdot Y$
		0	1	0	1	Y	Y
		0	1	1	0	XOR	$X \oplus Y$
		0	1	1	1	OR	$X + Y$
		1	0	0	0	NOR	$\overline{X + Y}$
		1	0	0	1	EQ	$X \odot Y$
		1	0	1	0	NOT	$\overline{Y}$
		1	0	1	1		$X + \overline{Y}$
		1	1	0	0	NOT	$\overline{X}$
		1	1	0	1		$\overline{X} + Y$
		1	1	1	0	NAND	$\overline{X \cdot Y}$
		1	1	1	1	1	1

2.7 MIL記法

論理関数(論理演算)を表す方法として，前節まででは，真理値表によるものと，ブール代数によるものを述べた．本節では，より直観に訴え，回路のイメージのわきやすい記述法として，MIL(MILitary standard)記法を導入する．

MIL記法は米軍で開発された論理回路の記法であり，ASA(American Standard Association)記法ともいって，現在では世界中で広く用いられている．MIL記法では，組合せ回路は，図2.3の四つの基本素子を結線したものとして表現される．

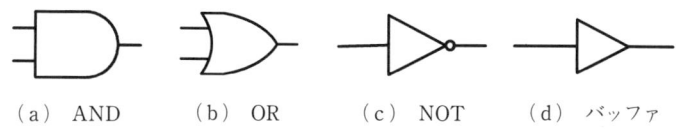

(a) AND　　(b) OR　　(c) NOT　　(d) バッファ

図 2.3　MIL記法で書いた基本論理演算

ここで，NOT(インバータ)記号の出力にある小さい丸は否定演算を表している．

たとえば，ブール代数で $A \cdot B + C \cdot \bar{D}$ と表現される組合せ論理は，MIL記法では，図2.4のように表される．

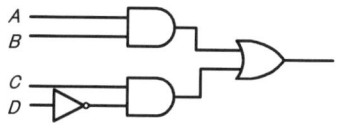

図 2.4　MIL記法で記述した $A \cdot B + C \cdot \bar{D}$

MIL記法の良い点は，実際の電子回路に近いイメージをもつことである．MIL記法で記述しておけば，あとは，それぞれの基本素子を電子的な基本ゲートで置き換えれば回路ができあがる．

MIL記法で，NAND, NOR, XOR, EQ を表したものが図2.5である．NAND, NOR の描き方は，定義からして自明であろう．XOR は OR の入力に弧が一つ付けられている点に注意してほしい．EQ は，2入力の場合は XOR の否定であるので，表記としては図(d)のようになる．

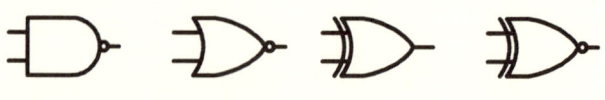

(a) NAND　　(b) NOR　　(c) XOR　　(d) EQ

図 2.5　MIL 記法による NAND, NOR, XOR, EQ の表現

　論理関数の記法として，これまでに真理値表，ブール代数，MIL 記法を学んだ．それぞれ良い点と悪い点があり，用途に応じて使い分けることが必要となる．真理値表は，入出力の対応関係をすべて列挙しており，正確である反面，記述の量が多く，意味がとりづらい．ブール代数による表記は，正確で簡潔であり，直感に訴えやすいが，回路のイメージは今一歩つかみにくい．MIL 記法は，直感に訴えやすく，回路のイメージもつかみやすいが，論理素子の配置・配線を工夫しないと，図が複雑になって意味がとりにくくなる．
　例として，一つの論理関数を真理値表，ブール代数，MIL 記法によって表現したものを図 2.6 に示す．ここで述べた記法の特徴がよく理解されるだろう．

A	B	C	D	出力
0	0	0	0	0
0	0	0	1	0
0	0	1	0	0
0	0	1	1	0
0	1	0	0	0
0	1	0	1	1
0	1	1	0	0
0	1	1	1	1
1	0	0	0	0
1	0	0	1	1
1	0	1	0	0
1	0	1	1	0
1	1	0	0	0
1	1	0	1	1
1	1	1	0	1
1	1	1	1	1

$A \cdot (B + \overline{C}) + B \cdot D$

(b)　ブール代数による表現

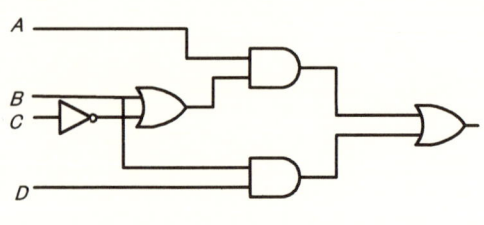

(a)　真理値表による表現　　　　　(c)　MIL 記法による表現

図 2.6　例題による三つの表現法の比較

2.8 多入力素子

これまでは，論理演算は2入力のものを考えてきた．一般に，2入力の演算について，交換法則と結合法則が成り立つときに，これを多入力演算(3個以上の入力をもつ演算)に拡張することができる．

AND, OR, XOR, EQ はそれぞれ交換法則と結合法則が成り立つ(演習問題2.3)から，多入力演算に拡張できる．表2.11に3入力の論理演算の真理値表を示す．

表 2.11　3入力の論理演算

X_0	X_1	X_2	AND	OR	NAND	NOR	XOR	EQ
0	0	0	0	0	1	1	0	0
0	0	1	0	1	1	0	1	1
0	1	0	0	1	1	0	1	1
0	1	1	0	1	1	0	0	0
1	0	0	0	1	1	0	1	1
1	0	1	0	1	1	0	0	0
1	1	0	0	1	1	0	0	0
1	1	1	1	1	0	0	1	1

一般に，N入力 AND は，すべての入力が1のときに1，他は0となる．同様に，N入力 OR は，入力のうち一つでも1があれば1，すべて0のときに0となる．また，ここではN入力 NAND，N入力 NOR は，それぞれN入力 AND，N入力 OR の否定と定義している．N入力 XOR は，入力のうちで1の数が奇数個のとき1，偶数個のときに0となる．N入力 EQ は，入力のうちで0の数が偶数個のときに1，奇数個のときに0となる．

表からわかるように，3入力 XOR と3入力 EQ は同じ演算となる．一般に，Nが奇数のときには XOR と EQ は同じ演算，偶数のときには互いに否定の関係となる．

3入力演算のブール代数での表記は，次のようになる．

3入力 AND：　$X_0 \cdot X_1 \cdot X_2 (= (X_0 \cdot X_1) \cdot X_2 = X_0 \cdot (X_1 \cdot X_2))$

3入力 OR：　$X_0 + X_1 + X_2 (= (X_0 + X_1) + X_2 = X_0 + (X_1 + X_2))$

3入力 NAND：$\overline{X_0 \cdot X_1 \cdot X_2} (= \overline{(X_0 \cdot X_1) \cdot X_2})$

3 入力 NOR：$\overline{X_0+X_1+X_2}(=\overline{(X_0+X_1)+X_2})$
3 入力 XOR：$X_0\oplus X_1\oplus X_2(=(X_0\oplus X_1)\oplus X_2=X_0\oplus(X_1\oplus X_2))$
3 入力 EQ：$X_0\odot X_1\odot X_2(=(X_0\odot X_1)\odot X_2=X_0\odot(X_1\odot X_2))$

MIL 記法では図 2.7 のように表される。

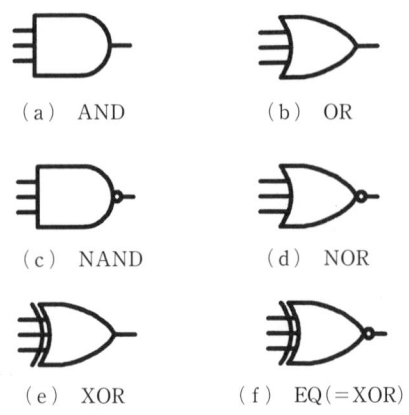

(a) AND　　(b) OR
(c) NAND　　(d) NOR
(e) XOR　　(f) EQ(=XOR)

図 2.7　3 入力の論理演算素子(MIL 記法)

2.9　標 準 形

2.9.1　標準形の必要性

　前節までで述べたように，組合せ論理回路は論理関数によって動作が決まり，論理関数の表記には真理値表，ブール代数，MIL 記法の 3 種類の方法がある。

　ここで，ブール代数と MIL 記法を用いた場合，一つの論理関数の表現法は一つではない。たとえば，ブール代数で $(A+B)\cdot(A+C)+C$ と表現される論理関数は，$A+C$ と等価である。また，$A\cdot B\cdot\overline{C}+A\cdot\overline{B}\cdot C+\overline{A}\cdot B\cdot C+A\cdot B\cdot C$ は，$A\cdot B+B\cdot C+C\cdot A$ と等価である。

　一つの論理関数を表現するのに多数の方法があることは，組合せ論理回路を作るときの複雑さにつながり，また，回路の意味のわかりにくさにもつながる。さらに，次章で述べる回路の簡単化の際にも障害となるであろう。

　そこで，一つの論理関数の表現を唯一のものとするため，標準形という考え方が導入された。ここでは，標準形の話に入る前の準備として，いくつかの用語の定義を行い，続いて 2 種類の標準形について述べる。

2.9 標準形

2.9.2 用語の定義

定義 2.1 リテラル

ある論理変数 X が与えられたとき X または $\bar{X}$ をリテラル(literal)とよぶ。

定義 2.2 積項・和項

リテラルの論理積(2変数以上，3変数以上であってもよい)を積項(product term)とよぶ。同様に，リテラルの論理和を和項(sum term)とよぶ。

定義 2.3 最小項・最大項

いま，論理変数の総数が N であるとき，N 個のリテラルの論理積(ただしリテラルはすべて異なる)からなる積項を最小項(minterm)とよぶ。同様に，N 個のリテラルの論理和(ただしリテラルはすべて異なる)からなる和項を最大項(maxterm)とよぶ。

2.9.3 加法標準形(積和標準形)

論理関数を，最小項の論理和として表現したものを「加法標準形」(disjunctive normal form)とよぶ。任意の論理関数は，必ず加法標準形で表される。加法標準形は，積和標準形(まずリテラルの積をとり，その出力の論理和をとる，という意味。canonical sum of products)ともよぶ。

加法標準形の例を，図2.8に示す。

$$X \cdot \bar{Y} + \bar{X} \cdot Y \quad (= X \oplus Y)$$
$$X \cdot Y + \bar{X} \cdot \bar{Y} \quad (= X \odot Y)$$
$$X \cdot Y \cdot \bar{Z} + X \cdot \bar{Y} \cdot Z + \bar{X} \cdot Y \cdot Z + X \cdot Y \cdot Z$$
$$\overline{X_3} \cdot \overline{X_2} \cdot \overline{X_1} \cdot X_0 + \overline{X_3} \cdot \overline{X_2} \cdot X_1 \cdot X_0 + \overline{X_3} \cdot X_2 \cdot \overline{X_1} \cdot X_0 + X_3 \cdot X_2 \cdot X_1 \cdot X_0$$

図 2.8 加法標準形の例

任意の論理関数が加法標準形で表現されることを以下に示す。いま，任意の論理関数 $F(X_0, X_1, X_2, \cdots, X_{N-1})$ は，次のように展開される。

$$F(X_0, X_1, X_2, \cdots, X_{N-1}) = \overline{X_{N-1}} \cdot F(X_0, X_1, X_2, \cdots, 0)$$
$$+ X_{N-1} \cdot F(X_0, X_1, X_2, \cdots, 1) \quad (2.3)'$$

式(2.3)′は，2.4節で完備性の証明に用いた式(2.3)と同じものである。この式は，各項の F に再び適用される。すなわち，

$F(X_0, X_1, X_2, \cdots, X_{N-1})$
$= \overline{X_{N-1}} \cdot F(X_0, X_1, X_2, \cdots, 0) + X_{N-1} \cdot F(X_0, X_1, X_2, \cdots, 1)$
$= \overline{X_{N-1}} \cdot (\overline{X_{N-2}} \cdot F(X_0, X_1, X_2, \cdots, 0, 0) + X_{N-2} \cdot F(X_0, X_1, X_2, \cdots, 1, 0))$
$\quad + X_{N-1} \cdot (\overline{X_{N-2}} \cdot F(X_0, X_1, X_2, \cdots, 0, 1) + X_{N-2} \cdot F(X_0, X_1, X_2, \cdots, 1, 1))$
$= \overline{X_{N-2}} \cdot \overline{X_{N-1}} \cdot F(X_0, X_1, X_2, \cdots, 0, 0) + X_{N-2} \cdot \overline{X_{N-1}} \cdot F(X_0, X_1, X_2, \cdots, 1, 0)$
$\quad + \overline{X_{N-2}} \cdot X_{N-1} \cdot F(X_0, X_1, X_2, \cdots, 0, 1) + X_{N-2} \cdot X_{N-1} \cdot F(X_0, X_1, X_2, \cdots, 1, 1)$
$\hfill (2.4)$

これを繰り返し適用すると，最終的に次の形が得られる．

$F(X_0, X_1, X_2, \cdots, X_{N-1}) = \overline{X_0} \cdot \overline{X_1} \cdot \overline{X_2} \cdot \cdots \cdot \overline{X_{N-1}} \cdot F(0, 0, 0, \cdots, 0, 0)$
$\quad + X_0 \cdot \overline{X_1} \cdot \overline{X_2} \cdot \cdots \cdot \overline{X_{N-1}} \cdot F(1, 0, 0, \cdots, 0, 0)$
$\quad + \overline{X_0} \cdot X_1 \cdot \overline{X_2} \cdot \cdots \cdot \overline{X_{N-1}} \cdot F(0, 1, 0, \cdots, 0, 0)$
$\quad + X_0 \cdot X_1 \cdot \overline{X_2} \cdot \cdots \cdot \overline{X_{N-1}} \cdot F(1, 1, 0, \cdots, 0, 0)$
$\quad + \cdots$
$\quad + X_0 \cdot X_1 \cdot X_2 \cdot \cdots \cdot \overline{X_{N-1}} \cdot F(1, 1, 1, \cdots, 1, 0)$
$\quad + X_0 \cdot X_1 \cdot X_2 \cdot \cdots \cdot X_{N-1} \cdot F(1, 1, 1, \cdots, 1, 1) \hfill (2.5)$

式(2.5)で右辺に現れるFは定数(0または1)である．これが0の場合にはこの項の値は0となり，式(2.5)からはずすことができる．$F(\ )$の値が1の場合にはこの項の値は最小項となる．すなわち，式(2.5)は加法標準形となる．

図2.9に，加法標準形をMIL記法で表現したものを示す．

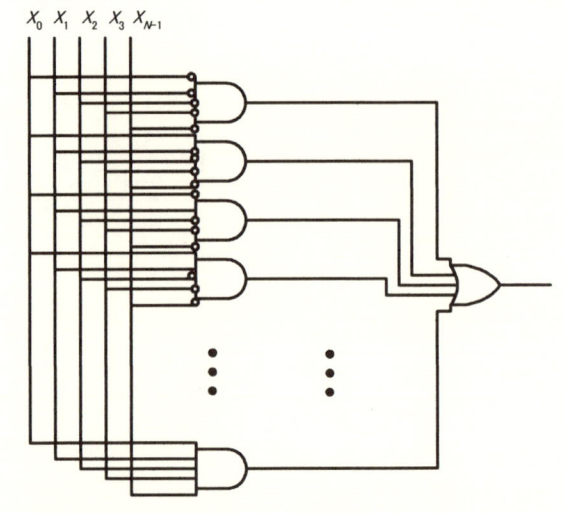

図 2.9 MIL記法による加法標準形の表現

2.9 標準形

式(2.5)の意味を真理値表との対応づけにおいて見てみよう。

項 $\overline{X_0}\cdot X_1\cdot\overline{X_2}\cdot\cdots\cdot\overline{X_{N-1}}\cdot F(0,1,0,\cdots,0,0)$ において，$F(0,1,0,\cdots,0,0)$ は，$X_0=0, X_1=1, X_2=0, \cdots, X_{N-1}=0$ のときの F の値を表している。これが1のときに，最小項が残ることになる。逆にいえば，各最小項は，真理値表で，論理関数の値が1になる $X_0, X_1, X_2, \cdots, X_{N-1}$ の組合せを表したものと観察される。$F(0,1,0,\cdots,0,0)$ が1のとき，この組合せは，$\overline{X_0}\cdot X_1\cdot\overline{X_2}\cdot\cdots\cdot\overline{X_{N-1}}$ となり，これが最小項の一つとなるのである。

2.9.4 乗法標準形（和積標準形）

論理関数を，最大項の論理積として表現したものを「乗法標準形」(conjunctive normal form) とよぶ。任意の論理関数は，必ず乗法標準形で表される。乗法標準形は，和積標準形（まずリテラルの和をとり，その出力の論理積をとる，という意味, canonical product of sums）ともよぶ。

乗法標準形の例を図2.10に示す。

$$(\overline{X}+\overline{Y})\cdot(X+Y)$$
$$(X+\overline{Y})\cdot(\overline{X}+Y)$$
$$(X+Y+\overline{Z})\cdot(X+\overline{Y}+Z)\cdot(\overline{X}+Y+Z)\cdot(X+Y+Z)$$
$$(\overline{X_3}+\overline{X_2}+\overline{X_1}+X_0)\cdot(\overline{X_3}+\overline{X_2}+X_1+X_0)\cdot(\overline{X_3}+X_2+\overline{X_1}+X_0)$$

図2.10 乗法標準形の例

任意の論理関数が乗法標準形で表現されることも，加法標準形の場合と同様に示される。まず，任意の論理関数 $F(X_0, X_1, X_2, \cdots, X_{N-1})$ は，次のように展開される。

$$F(X_0, X_1, X_2, \cdots, X_{N-1}) = (\overline{X_{N-1}}+F(X_0, X_1, X_2, \cdots, 1))$$
$$\cdot(X_{N-1}+F(X_0, X_1, X_2, \cdots, 0)) \quad (2.6)$$

この式は，各項の F に再び適用される。すなわち，

$$F(X_0, X_1, X_2, \cdots, X_{N-1})$$
$$=(\overline{X_{N-1}}+F(X_0, X_1, X_2, \cdots, 1))\cdot(X_{N-1}+F(X_0, X_1, X_2, \cdots, 0))$$
$$=(\overline{X_{N-1}}+(\overline{X_{N-2}}+F(X_0, X_1, X_2, \cdots, 1, 1))$$
$$\cdot(X_{N-2}+F(X_0, X_1, X_2, \cdots, 0, 1)))$$
$$\cdot(X_{N-1}+(\overline{X_{N-2}}+F(X_0, X_1, X_2, \cdots, 1, 0))$$
$$\cdot(X_{N-2}+F(X_0, X_1, X_2, \cdots, 0, 0)))$$

$$= (\overline{X_{N-2}} + \overline{X_{N-1}} + F(X_0, X_1, X_2, \cdots, 1, 1))$$
$$\cdot (X_{N-2} + \overline{X_{N-1}} + F(X_0, X_1, X_2, \cdots, 0, 1))$$
$$\cdot (\overline{X_{N-2}} + X_{N-1} + F(X_0, X_1, X_2, \cdots, 1, 0))$$
$$\cdot (X_{N-2} + X_{N-1} + F(X_0, X_1, X_2, \cdots, 0, 0)) \tag{2.7}$$

これを繰り返し適用すると,最終的に次の形が得られる.

$$F(X_0, X_1, X_2, \cdots, X_{N-1}) = (\overline{X_0} + \overline{X_1} + \overline{X_2} + \cdots + \overline{X_{N-1}} + F(1, 1, 1, \cdots, 1, 1))$$
$$\cdot (X_0 + \overline{X_1} + \overline{X_2} + \cdots + \overline{X_{N-1}} + F(0, 1, 1, \cdots, 1, 1))$$
$$\cdot (\overline{X_0} + X_1 + \overline{X_2} + \cdots + \overline{X_{N-1}} + F(1, 0, 1, \cdots, 1, 1))$$
$$\cdot (X_0 + X_1 + \overline{X_2} + \cdots + \overline{X_{N-1}} + F(0, 0, 1, \cdots, 1, 1))$$
$$\cdot \ \cdots$$
$$\cdot (X_0 + X_1 + X_2 + \cdots + \overline{X_{N-1}} + F(0, 0, 0, \cdots, 0, 1))$$
$$\cdot (X_0 + X_1 + X_2 + \cdots + X_{N-1} + F(0, 0, 0, \cdots, 0, 0))$$
$$\tag{2.8}$$

式(2.8)で,右辺に現れる F は定数(0または1)であり,1の場合には,( )内は1となって式(2.8)からはずすことができ,0の場合は最大項となる.すなわち,式(2.8)は乗法標準形となる.

図2.11に,乗法標準形をMIL記法で表現したものを示す.

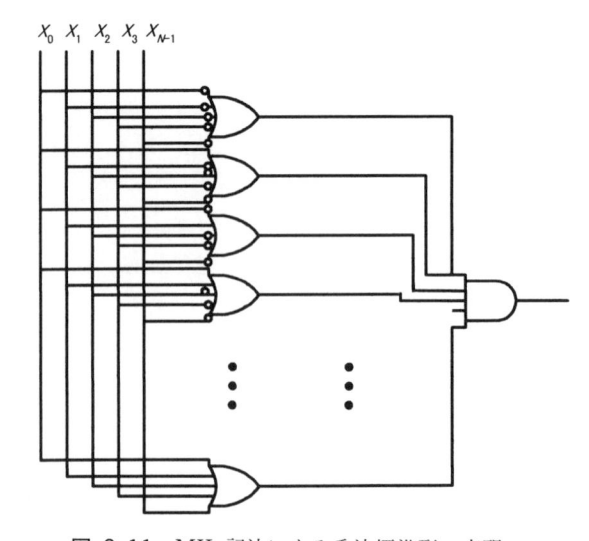

図 2.11 MIL記法による乗法標準形の表現

2.9 標 準 形

加法標準形の場合と同様に，式(2.8)の意味を真理値表との対応づけにおいて見てみよう。

項 $\overline{X_0}+X_1+\overline{X_2}+\cdots+\overline{X_{N-1}}+F(1,0,1,\cdots,1,1)$ において，$F(1,0,1,\cdots,1,1)$ は，$X_0=1, X_1=0, X_2=1, \cdots, X_{N-1}=1$ のときの F の値を表している。これが 0 のときに，最大項が残ることになる。逆にいえば，各最大項は，真理値表で，論理関数の値が 0 になる $X_0, X_1, X_2, \cdots, X_{N-1}$ の組合せを，入力の否定をとって表したものと観察される。$F(1,0,1,\cdots,1,1)$ が 0 のとき，この組合せは，$\overline{X_0}+X_1+\overline{X_2}+\cdots+\overline{X_{N-1}}$ となり，これが最大項の一つとなるのである。

標準形は，論理関数を整理された唯一の形で表現することができるためわかりやすく，真理値表から簡単に機械的に作ることができる。ここで注意しなくてはならないのは，加法標準形も乗法標準形も，論理素子が最少の形となるとは限らない，ということである。論理素子の最少化については，次章で学ぶ。

2.9.5 標準形の記述法
例 2.1 標準形の例(1)

表 2.12 の真理値表で与えられる論理関数の加法標準形と乗法標準形を求める。ただし，X，Y，Z，W を入力とし，O を出力とする。

表 2.12 4入力1出力論理関数の真理値表

X	Y	Z	W	O	
0	0	0	0	0	(0)
0	0	0	1	0	(1)
0	0	1	0	1	(2)
0	0	1	1	1	(3)
0	1	0	0	1	(4)
0	1	0	1	0	(5)
0	1	1	0	1	(6)
0	1	1	1	0	(7)
1	0	0	0	1	(8)
1	0	0	1	0	(9)
1	0	1	0	1	(10)
1	0	1	1	1	(11)
1	1	0	0	0	(12)
1	1	0	1	0	(13)
1	1	1	0	0	(14)
1	1	1	1	1	(15)

さきの議論より，加法標準形は，真理値表で O に 1 が立った項を拾って，これらの OR をとったものである．1 が立っているのは，(2)(3)(4)(6)(8)(10)(11)(15) だから，次の式が得られる．

$$
\begin{aligned}
O = & \bar{X} \cdot \bar{Y} \cdot Z \cdot \bar{W} & (2) \\
& + \bar{X} \cdot \bar{Y} \cdot Z \cdot W & (3) \\
& + \bar{X} \cdot Y \cdot \bar{Z} \cdot \bar{W} & (4) \\
& + \bar{X} \cdot Y \cdot Z \cdot \bar{W} & (6) \\
& + X \cdot \bar{Y} \cdot \bar{Z} \cdot \bar{W} & (8) \\
& + X \cdot \bar{Y} \cdot Z \cdot \bar{W} & (10) \\
& + X \cdot \bar{Y} \cdot Z \cdot W & (11) \\
& + X \cdot Y \cdot Z \cdot W & (15) \qquad (2.9)
\end{aligned}
$$

同様に，乗法標準形は，真理値表で O に 0 が立った項を拾って，入力の否定をとり，これらの AND をとったものである．0 が立っているのは，(0)(1)(5)(7)(9)(12)(13)(14) だから，次の式が得られる．

$$
\begin{aligned}
O = & (X+Y+Z+W) & (0) \\
& \cdot (X+Y+Z+\bar{W}) & (1) \\
& \cdot (X+\bar{Y}+Z+\bar{W}) & (5) \\
& \cdot (X+\bar{Y}+\bar{Z}+\bar{W}) & (7) \\
& \cdot (\bar{X}+Y+Z+\bar{W}) & (9) \\
& \cdot (\bar{X}+\bar{Y}+Z+W) & (12) \\
& \cdot (\bar{X}+\bar{Y}+Z+\bar{W}) & (13) \\
& \cdot (\bar{X}+\bar{Y}+\bar{Z}+W) & (14) \qquad (2.10)
\end{aligned}
$$

以上の手順から，次のことが見てとれるだろう．

まず，入力をまとめて 2 進数とみなすとする．すなわち，例 2.1 では，X を 8 の桁，Y を 4 の桁，Z を 2 の桁，W を 1 の桁とする 4 桁の 2 進数とみなす．真理値表の行が，この 2 進数の昇順で並べられたとき，各行の入力は，行番号に等しい（ただし，行番号は 0 から始まるとする）．

加法標準形は，出力が 1 となる行の入力を拾っていくのであった．よって，その行番号 (2)(3)(4)(6)(8)(10)(11)(15) が，すなわち，OR をとる項の入力を表す．これが式 (2.9) であった．

このように，加法標準形は，真理値表上で出力を 1 とする行番号として表現される．これを，

$$
O = \sum (2, 3, 4, 6, 8, 10, 11, 15) \qquad (2.11)
$$

2.9 標準形

と書く．式(2.11)が簡潔で直観に訴えやすい式であるため，以後，加法標準形の表現にはこの形式をとることにする．

一方，乗法標準形は，出力が0となる行の入力(各変数は否定をとる)を拾っていくのであった．よって，その行番号(0)(1)(5)(7)(9)(12)(13)(14)が，すなわち，ANDをとる項の入力を表す．これが式(2.10)であった．

このように，乗法標準形は，真理値表上で出力を0とする行番号として表現される．これを，

$$O = \prod (0, 1, 5, 7, 9, 12, 13, 14) \tag{2.12}$$

と書く．式(2.12)が簡潔で直観に訴えやすい式であるため，以後，乗法標準形の表現にはこの形式をとることにする．

一つの論理関数の加法標準形と乗法標準形には，次のような関係がある．
「加法標準形 Σ に現れる行番号と乗法標準形 $\prod$ に現れる行番号は，共通なものがなく，しかも両者をあわせるとすべての行番号を含むものになる．」

例 2.2 標準形の例(2)

基本関数の加法標準形と乗法標準形を求める．
（1） AND(N 入力)
（2） OR(N 入力)
（3） NAND(N 入力)
（4） NOR(N 入力)
（5） XOR(2 入力，3 入力)
（6） EQ(2 入力，3 入力)

すべて真理値表から求めればよい．それぞれ，加法標準形，乗法標準形の順に示す．

（1） AND(N 入力)
　　　　$\Sigma(2^N-1)$, $\prod(0, 1, 2, \cdots, 2^N-2)$
（2） OR(N 入力)
　　　　$\Sigma(1, 2, 3, \cdots, 2^N-1)$, $\prod(0)$
（3） NAND(N 入力)
　　　　$\Sigma(0, 1, 2, \cdots, 2^N-2)$, $\prod(2^N-1)$
（4） NOR(N 入力)
　　　　$\Sigma(0)$, $\prod(1, 2, \cdots, 2^N-1)$

（5） XOR

2 入力：$\Sigma(1,2)$, $\Pi(0,3)$

3 入力：$\Sigma(1,2,4,7)$, $\Pi(0,3,5,6)$

（6） EQ

2 入力：$\Sigma(0,3)$, $\Pi(1,2)$

3 入力：$\Sigma(1,2,4,7)$, $\Pi(0,3,5,6)$

演習問題 2

2.1 {NAND}, {NOR} の完備性を証明せよ．

2.2 3入力1出力の論理演算 MINOR(X, Y, Z) を，次のように定義する．
「X, Y, Z の中で一つ以下が1のとき，MINOR$(X, Y, Z) = 1$,
そうでないとき，MINOR$(X, Y, Z) = 0$」
{MINOR} が完備集合であることを証明せよ．

2.3 AND, OR, XOR, EQ のそれぞれについて，交換法則と結合法則がともに成り立つことを確認せよ．

2.4 MIL 記法で多入力の論理素子を扱うと，回路が簡単化されるが，これをもとに現実の電子回路を作るときは，注意が必要である．どういう注意か，具体的に述べよ．

2.5 次の論理関数を加法標準形にせよ．答えは Σ の式で示せ．(1)は MIL 記法でも表せ．

（1） MINOR(X, Y, Z)
ただし，MINOR は演習問題 2.2 で定義されたものとする．

（2） $(\bar{X}+\bar{Y}+\bar{Z}+W)\cdot(\bar{X}+Y+Z+\bar{W})\cdot(X+\bar{Y}+Z+\bar{W})$

2.6 次の論理関数を乗法標準形にせよ．答えは Π の式で示せ．(1)は MIL 記法でも表せ．

（1） MINOR(X, Y, Z)
ただし，MINOR は演習問題 2.2 で定義されたものとする．

（2） $\bar{X}\cdot\bar{Y}\cdot\bar{Z}\cdot W + \bar{X}\cdot Y\cdot Z\cdot\bar{W} + X\cdot\bar{Y}\cdot Z\cdot\bar{W}$

3.
組合せ回路の設計法

3.1 組合せ回路設計の一般論

2.1節で述べた通り，ディジタル回路は，組合せ回路と順序回路に大別される。本章では，組合せ回路の構成法について述べる。

目的にあった組合せ回路を設計するには，次のような手順を踏むのが一般的である。

(1) 問題をよく把握し，定式化する。具体的には，入力・出力を2進数で表現し，これらの間の関係を真理値表で表現する。
(2) 真理値表から，加法標準形(2.9節参照)の形の論理関数を得る。
(3) 論理関数を簡単化する。
(4) 回路を記述する。

このうち，(1)ができれば，(2)は自明である。すなわち，出力が1となる入力を AND でとり，これをすべて OR で結びつければよい。また，(3)から(4)への作業も，得られた論理式を MIL 記法に書き直すことで回路の基本形が得られるから，自明の作業である。したがって，組合せ回路の設計にあたって一番問題となるのが，(3)の論理関数の簡単化ということになる。

簡単化の問題に移る前に，組合せ回路の設計を単純な実例をあげて示しておこう。

例 3.1 0 判定器

4ビットで表現される数が0のときに1, 0以外のときに0となる回路
(1) 定式化

入力：D_3, D_2, D_1, D_0

出力：ZERO

真理値表：表 3.1

表 3.1 0 判定器の真理値表

D_3	D_2	D_1	D_0	ZERO
0	0	0	0	1
1	*	*	*	0
*	1	*	*	0
*	*	1	*	0
*	*	*	1	0

ただし，*は 0 でも 1 でもよいことを表す．

（2） 加法標準形

真理値表より， $ZERO = \overline{D_3} \cdot \overline{D_2} \cdot \overline{D_1} \cdot \overline{D_0} = \sum(0)$

（3） 簡単化：不要（(2)がもっとも簡単な形）

（4） 回路記述

(2)を MIL 記法で表して，図 3.1 を得る．

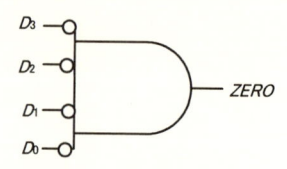

図 3.1 0 判定器の回路

例 3.2 多数決論理

三つの入力のうち，1 が二つ以上あったとき 1，一つ以下だったときに 0 となる回路

（1） 定式化

入力：X, Y, Z

出力：$MAJOR$

真理値表：表 3.2

3.1 組合せ回路設計の一般論　　　　　　　　　　　　　　　　　　　　　37

表 3.2 多数決論理の真理値表

X	Y	Z	$MAJOR$
0	0	0	0
0	0	1	0
0	1	0	0
0	1	1	1
1	0	0	0
1	0	1	1
1	1	0	1
1	1	1	1

（2）加法標準形

$$MAJOR = \bar{X} \cdot Y \cdot Z + X \cdot \bar{Y} \cdot Z + X \cdot Y \cdot \bar{Z} + X \cdot Y \cdot Z = \Sigma(3, 5, 6, 7)$$

（3）簡単化

ひとまず省略する(3.2節で再度とりあげる)。

（4）回路記述

(2)を MIL 記法で表して，図 3.2 を得る。

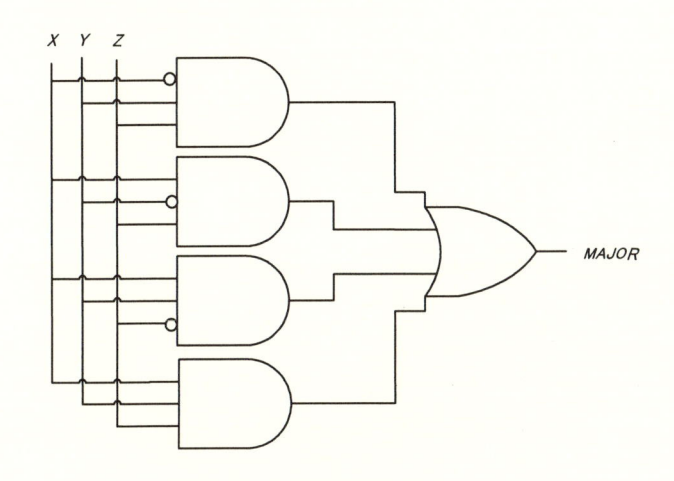

図 3.2 多数決論理の回路

図 3.3 に，組合せ回路設計の手順の要約を示す。

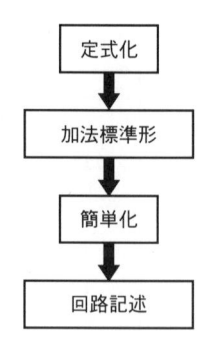

図 3.3　組合せ回路設計の手順

3.2　組合せ回路の簡単化

組合せ回路の簡単化とは，
(1)　回路の遅延時間を短くすること
(2)　回路の総量を小さくすること
の二つのことを指す。

まず，(1)から検討しよう。いま，基本となる論理回路として加法標準形が与えられているわけだから，論理の段数は最大で3段である(図3.4)。すなわち，NOT → AND → OR ということである。ここで，1段目のNOT素子は，

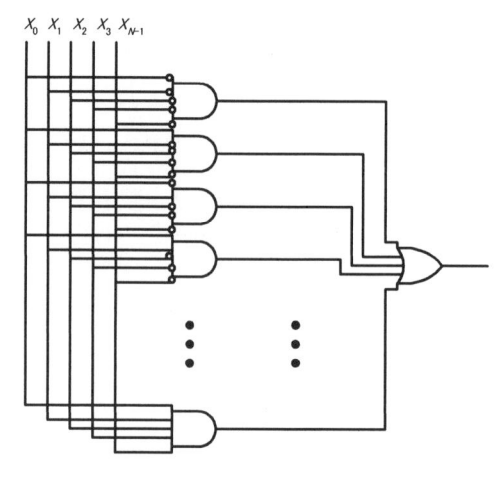

図 3.4　加法標準形

3.2 組合せ回路の簡単化

すべて1入力である。2段目のAND素子はすべてN個(Nは回路全体の入力数)の入力をもち，3段目のOR素子は，AND素子の数だけの入力をもつ。

ところで，各素子の遅延は，一般に入力数が多いほど大きくなり，出力先の素子の数が多いほど大きくなる。図3.4の回路では，すべての素子の出力先の素子は一つだけであり，また，NOTの入力数は1なので，遅延を減らすためには，次の2点が重要となる。

(i) AND素子の入力数を減らすこと
(ii) OR素子の入力数を減らすこと

次に(2)の回路の総量を減らすことを考える。これは，第一にAND素子の数を減らし，OR素子の数を減らすことである。加法標準形ではOR素子の数は一つに固定されているから，NOT素子の数を減らし，AND素子の数を減らすことがこれにあたる。

ところで，各素子が必要とする電子回路の量は入力数が多いほど大きくなる。したがって，回路の総量を減らす第二の方法は，各素子の入力数を減らすことである。NOTの入力数は1で固定なので，AND素子・OR素子の入力数をそれぞれ減らすことがこれにあたる。これらをまとめると，回路の総量を減らすためには，次の4点が重要となる。

(iii) NOT素子の数を減らすこと
(iv) AND素子の数を減らすこと
(v) AND素子の入力数を減らすこと
(vi) OR素子の入力数を減らすこと

(i)(ii)および(iii)〜(vi)には，等価な項目が多い。全体をまとめると，図3.5のようになる(各自確認せよ)。

では，具体的にどうやって図3.5(a)(b)を行うか。いくつかの例を通して，これを試みてみよう。

(a) 各AND素子の入力数を減らすこと
(b) AND素子の数を減らすこと

図3.5 組合せ回路の簡単化の方法

例 3.3　論理回路の簡単化(1)

$$\sum(1,2,3) = \bar{X}\cdot Y + X\cdot \bar{Y} + X\cdot Y$$
$$= X\cdot Y + X\cdot \bar{Y} + X\cdot Y + \bar{X}\cdot Y \quad A+A=A,\ 交換法則$$
$$= X\cdot(Y+\bar{Y}) + (X+\bar{X})\cdot Y \quad 分配法則$$
$$= X\cdot 1 + 1\cdot Y \quad A+\bar{A}=1$$
$$= X + Y \quad 1\cdot A = A$$

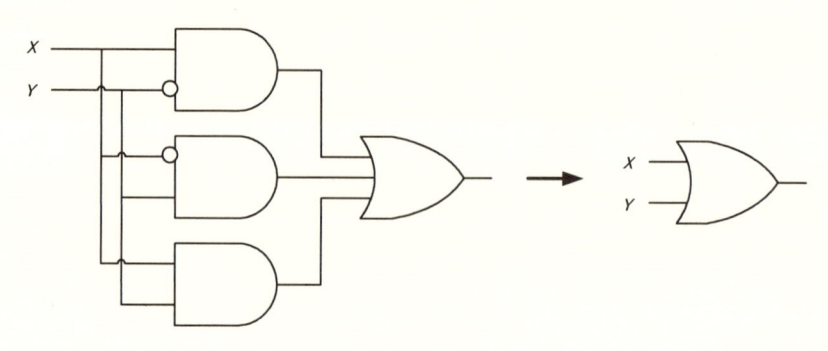

図 3.6　簡単化の例(1)

例 3.4　組合せ回路の簡単化(2)　多数決回路の簡単化

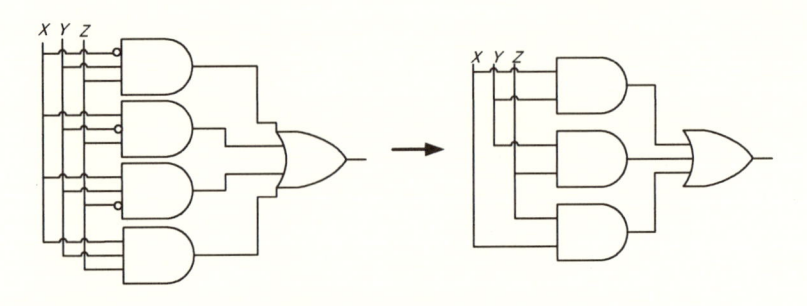

$$\sum(3,5,6,7) = \bar{X}\cdot Y\cdot Z + X\cdot \bar{Y}\cdot Z + X\cdot Y\cdot \bar{Z} + X\cdot Y\cdot Z$$
$$= X\cdot Y\cdot \bar{Z} + X\cdot Y\cdot Z + \bar{X}\cdot Y\cdot Z + X\cdot Y\cdot Z + X\cdot \bar{Y}\cdot Z + X\cdot Y\cdot Z$$
$$A+A=A,\ 交換法則$$
$$= (\bar{X}+X)\cdot Y\cdot Z + X\cdot(\bar{Y}+Y)\cdot Z + X\cdot Y\cdot(Z+\bar{Z}) \quad 分配法則$$
$$= X\cdot Y + Y\cdot Z + Z\cdot X \quad A+\bar{A}=1,\ 1\cdot A=A$$

図 3.7　簡単化の例(2)

3.3 カルノー図による簡単化

二つの例から類推されるように,「簡単化」とは結局,「論理的に隣接する二つの積項を分配法則によって結合し,一つの積項にまとめることで,AND素子の数とAND素子の入力数をともに一つずつ小さくする」ことの繰り返しである。ここで,「論理的に隣接する二つの積項」とは,$X_0{}^* \cdot X_1{}^* \cdot \cdots \cdot X_i \cdot \cdots \cdot X_{M-2}{}^* \cdot X_{M-1}{}^*$ と $X_0{}^* \cdot X_1{}^* \cdot \cdots \cdot \overline{X_i} \cdot \cdots \cdot X_{M-2}{}^* \cdot X_{M-1}{}^*$ のペアを指す($X_j{}^*$ はリテラル,すなわち X_j または $\overline{X_j}$ である。隣接する積項どうしでは,$X_j{}^*$ は同じものとする)。すなわち,入力に NOT が入るかどうかが1か所だけ異なる積項のペアが,「論理的に隣接する二つの積項」である。簡単化のステップは,次の式で表される。

$$X_0{}^* \cdot X_1{}^* \cdot \cdots \cdot X_i \cdot \cdots \cdot X_{M-2}{}^* \cdot X_{M-1}{}^* + X_0{}^* \cdot X_1{}^* \cdot \cdots \cdot \overline{X_i} \cdot \cdots \cdot X_{M-2}{}^* \cdot X_{M-1}{}^*$$
$$= X_0{}^* \cdot X_1{}^* \cdot \cdots \cdot X_{i-1}{}^* \cdot X_{i+1}{}^* \cdot \cdots \cdot X_{M-2}{}^* \cdot X_{M-1}{}^* \tag{3.1}$$

積項がこれ以上結合できなくなったところで,簡単化は完了する。

以上のように,ブール代数の式を変形することで簡単化を行うことができるが,実際の式では隣接する項は複数あり,式(3.1)を適用する場所によって,またその順番によって,最終的に得られる組合せ回路も変わってくる。したがって簡単化とは,図3.8の作業となる。

論理的隣接性に着目して,積項の数と入力数を減らすことを可能なかぎり繰り返す。最終的に得られる組合せ回路がもっとも簡単なものとなるように,この簡単化の手順を最適化する。

図 3.8　組合せ回路の簡単化の手順

3.3 カルノー図による簡単化

図3.8で示した簡単化を行うには,「論理的に隣接する積項のペア」の選択が鍵となる。これを真理値表上や,ブール代数の式の上で行うのは,たくさんの候補となる積項のペアの中から適切なものを選ぶ作業が,なかなかにやっかいである。

そこで,真理値表を変形して,論理的な隣接性を見やすくし,簡単化を容易にする方法が開発された。これが,カルノー図(Karnaugh map)による方法である。

カルノー図とは,論理的に隣接する最小項が必ず隣にくるように配置した表のことである。この配置上の制約から,入力数に限界があり,2入力から6入

力までの組合せ回路について使われる。

3.3.1 カルノー図の作り方

図 3.9, 3.10, 3.11 に, それぞれ 2 入力, 3 入力, 4 入力のカルノー図を示す。N 入力のカルノー図には, 2^N 個の欄がある。

X \ Y	0	1
0	(0)	(1)
1	(2)	(3)

図 3.9　2 入力のカルノー図

X \ YZ	0 0	0 1	1 1	1 0
0	(0)	(1)	(3)	(2)
1	(4)	(5)	(7)	(6)

図 3.10　3 入力のカルノー図

XY \ ZW	0 0	0 1	1 1	1 0
0 0	(0)	(1)	(3)	(2)
0 1	(4)	(5)	(7)	(6)
1 1	(12)	(13)	(15)	(14)
1 0	(8)	(9)	(11)	(10)

図 3.11　4 入力のカルノー図

図 3.9 の場合, 欄は (0) から (3) までの四つある。このうち, たとえば (2) は, $X=1$, $Y=0$ のときの出力を表す。

図 3.10, 図 3.11 では, 入力の値の並びが, $00 \rightarrow 01 \rightarrow 11 \rightarrow 10$ となっている点に注意が必要である。すなわち, カルノー図では, 入力は, 0, 1, 3, 2 の順で並べられる。これは, 1 と 2 には論理的隣接性がなく, 1 と 3, 3 と 2 にこれがあるからである。

図 3.10 で, $YZ=10$ と $YZ=00$ には隣接性があるが, これは表の上には現れない。実は 3 入力のカルノー図は, こうした 2 次元の表ではなく, 左端と右端の接合された輪状の表として表現されるべきものである (図 3.12)。図 3.12 のようにすれば論理的に隣接したものどうしは, 表の上でも隣接する。

3.3 カルノー図による簡単化

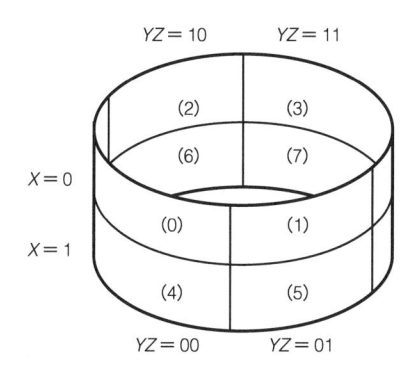

図 3.12 輪状に表現した 3 入力のカルノー図

実際には，図 3.12 を書くのは大変なので，図 3.10 の表を書き，両端がつながっているとみなして，3.3.2 項で述べる処理を行う。

4 入力の場合(図 3.11)は，本当は，左端と右端，上端と下端がともにつながっている形となる。すなわち，図 3.13 のようなトーラス状になるのが本来の姿である。しかし，こちらも，図 3.13 を書くのは大変なので，図 3.11 の表を書き，左端と右端，上端と下端がつながっているとみなして，3.3.2 項で述べる処理を行う。

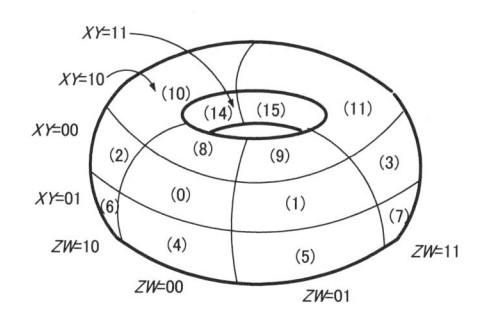

図 3.13 トーラス状に表現した 4 入力のカルノー図

図 3.14 に 5 入力のカルノー図を，図 3.15 に 6 入力のカルノー図を記す。5 入力以上になると，上端と下端，左端と右端以外に，最前面と最背面がつながっている表としてこれを見ていかなければならない。

カルノー図で，1 となる欄を最小項として表現し，これを OR したものが，求める組合せ回路の加法標準形となる。このとき，各欄を表すのに用いた数字

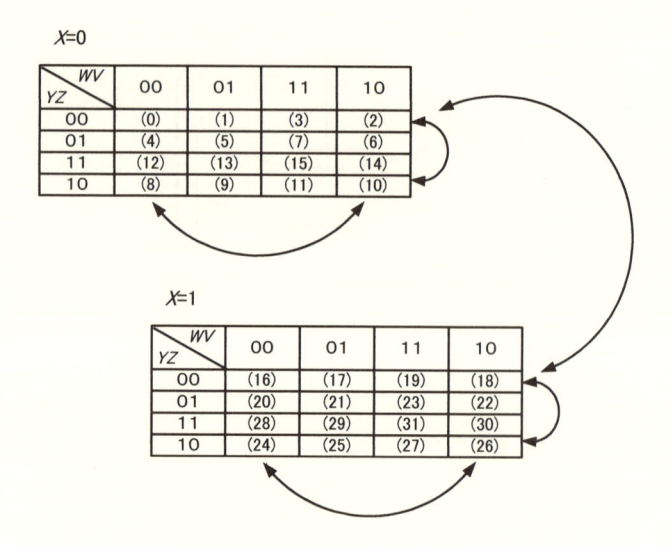

図 3.14 5入力のカルノー図

は，2.8項で述べた真理値表の行番号を表すものとなっている。

なお，7入力以上のカルノー図を書くことは可能だが，論理的隣接性を発見するのは簡単ではなくなる(余力があれば試みよ)。

3.3.2 カルノー図を使った組合せ回路の簡単化

カルノー図を作れば，論理的隣接性が一目瞭然となる。これを利用して，組合せ回路を簡単化する手順を図 3.16 に示す。

図 3.16 の2でループを大きくすることは，ANDの入力数を減らすことに対応し，ループの数を減らすことはANDの数を減らすことに対応する。これ以上大きくはできないループを表す論理式(積項)を，主項(prime implicant)という。

次に実例によって，図 3.16 の手順を理解するとともに，実際にこの手順がどう適用されるのかを見ていこう。

ループの大きさが2の場合は，二つの最小項が一つに集約されて，一つの変数が消去される。図 3.17 の (a) (b) (c) (d) では，それぞれ Z, X, Z, X が消去される。

次に，ループの大きさが4の場合を見てみよう。

3.3 カルノー図による簡単化

XY=00(最前面)

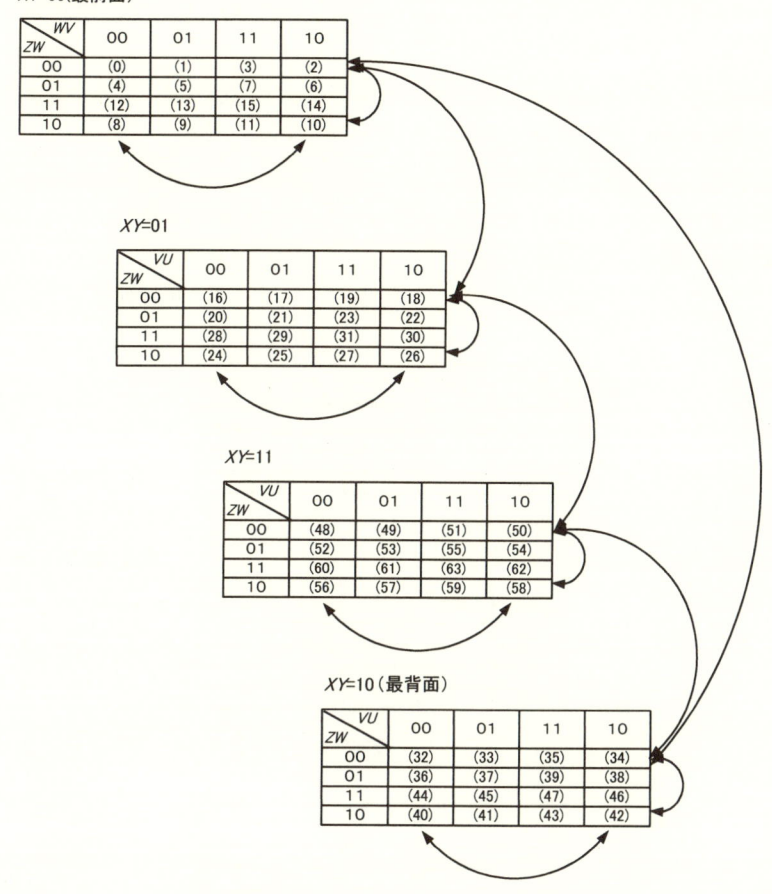

WV\ZW	00	01	11	10
00	(0)	(1)	(3)	(2)
01	(4)	(5)	(7)	(6)
11	(12)	(13)	(15)	(14)
10	(8)	(9)	(11)	(10)

XY=01

VU\ZW	00	01	11	10
00	(16)	(17)	(19)	(18)
01	(20)	(21)	(23)	(22)
11	(28)	(29)	(31)	(30)
10	(24)	(25)	(27)	(26)

XY=11

VU\ZW	00	01	11	10
00	(48)	(49)	(51)	(50)
01	(52)	(53)	(55)	(54)
11	(60)	(61)	(63)	(62)
10	(56)	(57)	(59)	(58)

XY=10(最背面)

VU\ZW	00	01	11	10
00	(32)	(33)	(35)	(34)
01	(36)	(37)	(39)	(38)
11	(44)	(45)	(47)	(46)
10	(40)	(41)	(43)	(42)

図 3.15 6入力のカルノー図

（1） 論理関数の関数値(0または1)をカルノー図の対応する場所に入れる。
（2） 「1」をループで囲む。ここで，ループの大きさは上下・左右・前後の辺がすべて2のべきとなるようにし，個々のループはできるだけ大きく，ループの数はできるだけ少なくなるようにする。
（3） それぞれのループに対応するAND素子を作り，これらの出力をOR素子の入力とする組合せ回路を書く。

図 3.16 カルノー図を使った組合せ回路の簡単化

ループの大きさが 4 の場合は，四つの最小項が一つに集約されて，二つの変数が消去される．図 3.18 の (a) (b) (c) (d) では，それぞれ X と Z，Z と W，X と Y，X と Z が消去される．

さらに，ループの大きさが 8 の場合を見てみよう (図 3.19)．この場合は，八つの最小項が一つに集約されて，三つの変数が消去される．

複数のループがかける場合はどうなるであろうか．いま，4 入力のカルノー図が図 3.20 に与えられたとする．これは，$\sum (0, 2, 3, 6, 7, 9, 10, 11, 13, 14, 15)$ を表している．

1 をループで囲むやりかただが，これは，図 3.16 の第 2 項に従う．すなわ

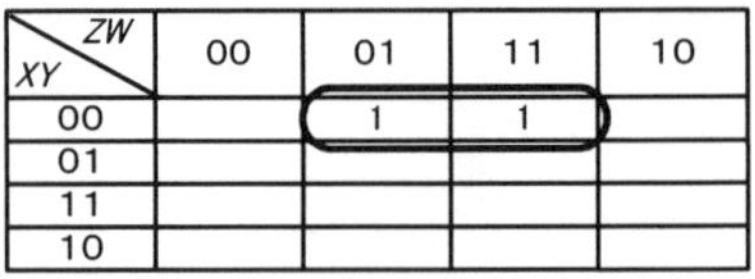

ZW\XY	00	01	11	10
00		1	1	
01				
11				
10				

（a） $\bar{X} \cdot \bar{Y} \cdot \bar{Z} \cdot W + \bar{X} \cdot \bar{Y} \cdot Z \cdot W \longrightarrow \bar{X} \cdot \bar{Y} \cdot W$

ZW\XY	00	01	11	10
00				
01			1	
11			1	
10				

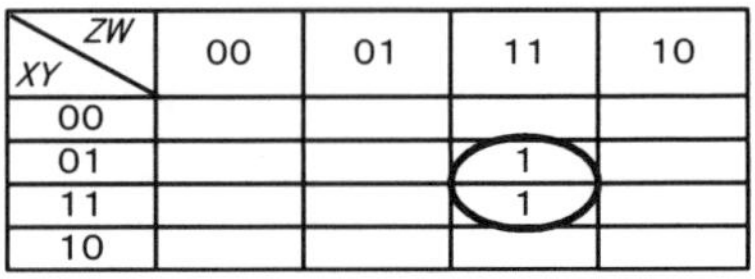

（b） $\bar{X} \cdot Y \cdot Z \cdot W + X \cdot Y \cdot Z \cdot W \longrightarrow Y \cdot Z \cdot W$

ZW\XY	00	01	11	10
00				
01	1			1
11				
10				

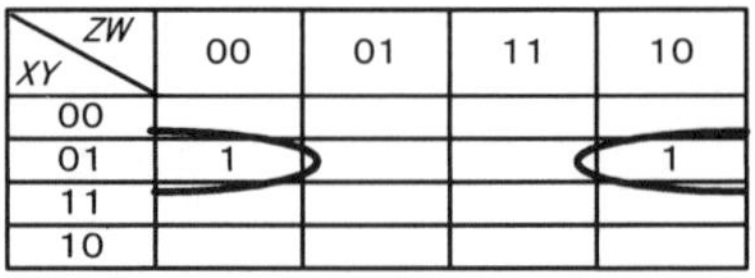

（c） $\bar{X} \cdot Y \cdot \bar{Z} \cdot \bar{W} + X \cdot Y \cdot Z \cdot \bar{W} \longrightarrow \bar{X} \cdot Y \cdot \bar{W}$

ZW\XY	00	01	11	10
00				1
01				
11				
10				1

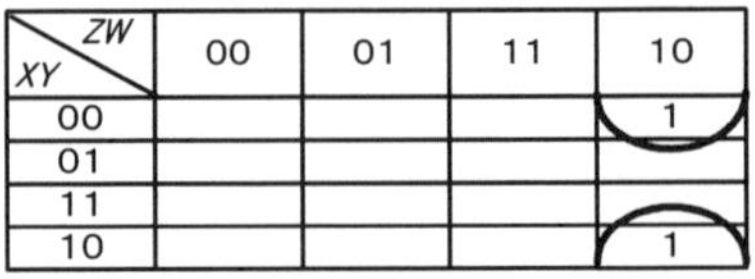

（d） $\bar{X} \cdot \bar{Y} \cdot Z \cdot \bar{W} + X \cdot \bar{Y} \cdot Z \cdot \bar{W} \longrightarrow \bar{Y} \cdot Z \cdot \bar{W}$

図 3.17　簡単化の例（1）　ループの大きさが 2，個数が 1 の場合
　　　　各図で何も書かれていない項目は 0 が入っているとする．

3.3 カルノー図による簡単化

ZW\XY	00	01	11	10
00					
01		1	1	
11		1	1	
10				

(a) $\bar{X} \cdot Y \cdot \bar{Z} \cdot W + \bar{X} \cdot Y \cdot Z \cdot W + X \cdot Y \cdot \bar{Z} \cdot W + X \cdot Y \cdot Z \cdot W \longrightarrow Y \cdot W$

ZW\XY	00	01	11	10
00				
01	1	1	1	1
11				
10				

(b) $\bar{X} \cdot Y \cdot \bar{Z} \cdot \bar{W} + \bar{X} \cdot Y \cdot \bar{Z} \cdot W + \bar{X} \cdot Y \cdot Z \cdot W + \bar{X} \cdot Y \cdot Z \cdot \bar{W} \longrightarrow \bar{X} \cdot Y$

ZW\XY	00	01	11	10
00				1
01				1
11				1
10				1

(c) $\bar{X} \cdot \bar{Y} \cdot Z \cdot \bar{W} + \bar{X} \cdot Y \cdot Z \cdot \bar{W} + X \cdot Y \cdot Z \cdot \bar{W} + X \cdot \bar{Y} \cdot Z \cdot \bar{W} \longrightarrow Z \cdot \bar{W}$

ZW\XY	00	01	11	10
00	1			1
01				
11				
10	1			1

(d) $\bar{X} \cdot \bar{Y} \cdot \bar{Z} \cdot \bar{W} + \bar{X} \cdot \bar{Y} \cdot Z \cdot \bar{W} + X \cdot \bar{Y} \cdot \bar{Z} \cdot \bar{W} + X \cdot \bar{Y} \cdot Z \cdot \bar{W} \longrightarrow \bar{Y} \cdot \bar{W}$

図 3.18 簡単化の例(2) ループの大きさが4, 個数が1の場合

ZW\XY	00	01	11	10
00				
01	1	1	1	1
11	1	1	1	1
10				

(a) $\bar{X} \cdot Y \cdot \bar{Z} \cdot \bar{W} + \bar{X} \cdot Y \cdot \bar{Z} \cdot W + \bar{X} \cdot Y \cdot Z \cdot W + \bar{X} \cdot Y \cdot Z \cdot \bar{W} + X \cdot Y \cdot \bar{Z} \cdot \bar{W}$
$+ X \cdot Y \cdot \bar{Z} \cdot W + X \cdot Y \cdot Z \cdot W + X \cdot Y \cdot Z \cdot \bar{W} \longrightarrow Y$

ZW\XY	00	01	11	10
00	1			1
01	1			1
11	1			1
10	1			1

(b) $\bar{X} \cdot \bar{Y} \cdot \bar{Z} \cdot \bar{W} + \bar{X} \cdot \bar{Y} \cdot Z \cdot \bar{W} + \bar{X} \cdot Y \cdot \bar{Z} \cdot \bar{W} + \bar{X} \cdot Y \cdot Z \cdot \bar{W} + X \cdot Y \cdot \bar{Z} \cdot \bar{W}$
$+ X \cdot Y \cdot Z \cdot \bar{W} + X \cdot \bar{Y} \cdot \bar{Z} \cdot \bar{W} + X \cdot \bar{Y} \cdot Z \cdot \bar{W} \longrightarrow \bar{W}$

図 3.19 簡単化の例(3) ループの大きさが8, 個数が1の場合

ZW\XY	00	01	11	10
00	1		1	1
01			1	1
11		1	1	
10		1	1	1

図 3.20 複数のループが作られるカルノー図

ち，ループの大きさはできるだけ大きく，数はできるだけ少なくなるようにする。図 3.21 の (a) や (b) より (c) のほうが「優れた簡単化」ということになる。

実際，ブール代数の式は (c) がもっとも簡単になっていることが，よくわかるだろう。特に，「ループは重なってもいいから大きくする」という点に注意してほしい。

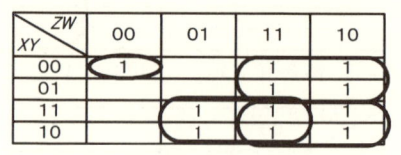

ZW\XY	00	01	11	10
00	1		1	1
01			1	1
11		1	1	
10		1	1	1

(a) $\bar{X}\cdot\bar{Y}\cdot\bar{Z}\cdot\bar{W}+\bar{X}\cdot Z+X\cdot W+X\cdot Z$

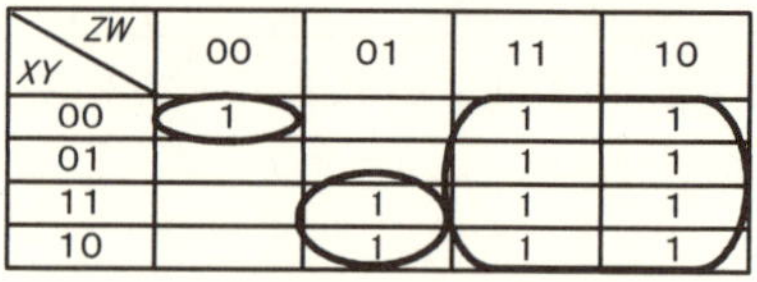

ZW\XY	00	01	11	10
00	1		1	1
01			1	1
11		1	1	
10		1	1	1

(b) $\bar{X}\cdot\bar{Y}\cdot\bar{Z}\cdot\bar{W}+Z+X\cdot\bar{Z}\cdot W$

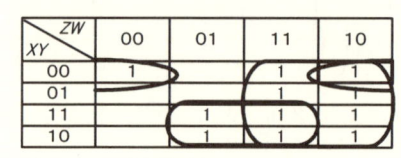

ZW\XY	00	01	11	10
00	1		1	1
01			1	
11		1	1	
10		1	1	1

(c) $\bar{X}\cdot\bar{Y}\cdot\bar{W}+Z+X\cdot W$

図 3.21 図 3.20 のカルノー図上のループの作成

3.4 クワイン・マクラスキー法による簡単化

カルノー図の欠点として，
（1） 7入力以上の組合せ回路を扱うのが困難である
（2） アルゴリズミックに扱うことが難しいので，コンピュータの自動合成プログラムとして用いることができない

という2点があげられる。

これらの欠点を克服したのが，クワイン・マクラスキー法(Quine-McCluskey Method)である。クワイン・マクラスキー法では，任意の入力数の組合せ回路を扱うことができ，しかもこの方法はコンピュータのプログラムとして表現することができる。

ここで，再び論理的隣接性の式(3.1)を思い出そう。

$$X_0^* \cdot X_1^* \cdots X_i \cdots X_{M-2}^* \cdot X_{M-1}^* + X_0^* \cdot X_1^* \cdots \overline{X_i} \cdots X_{M-2}^* \cdot X_{M-1}^*$$
$$= X_0^* \cdot X_1^* \cdots X_{i-1}^* \cdot X_{i+1}^* \cdots X_{M-2}^* \cdot X_{M-1}^* \tag{3.1}$$

この式を繰り返し適用することで論理回路の簡単化がなされるのであったが，与えられた論理回路のどこにどのような手順で適用するべきか，が問題であった。この手順を組織的・機械的に見つけようというのが，クワイン・マクラスキー法である。図3.22にクワイン・マクラスキー法の手順を示す。

以下では，例題によって，クワイン・マクラスキー法の手順を説明しよう。

例題 3.1

いま，論理関数 $\sum(1, 5, 6, 7, 9, 13, 14)$ が与えられたとする(4入力 X, Y, Z, W の論理回路)。この回路をクワイン・マクラスキー法によって簡単化せよ。

[解答] [STEP 1] 加法標準形の2進数表現。$\sum(0001, 0101, 0110, 0111, 1001, 1101, 1110)$

[STEP 2]

グループ	最小項	チェック
1	0 0 0 1	
2	0 1 0 1	
	0 1 1 0	
	1 0 0 1	
3	0 1 1 1	
	1 1 0 1	
	1 1 1 0	

[STEP 1] 与えられた論理式を加法標準形にし，結果を Σ の式で表現する。このとき，各最小項は2進数で表現しておく。

[STEP 2] 最小項を，含まれる1の数によってグループ分けする。1が i 個含まれるグループをグループ i とよぶ（$i=0,1,\cdots,N$）。このグループ分けのことを，第一次のグループ分けという。

[STEP 3] 隣り合うグループの要素をすべての組合せについて比較し，論理的隣接性があるものをペアとして，一つの式で表現する。すなわち，$A_0 A_1 \cdots A_i \cdots A_{M-2} A_{M-1}$（$A_j = 0$ または 1）と $A_0 A_1 \cdots \overline{A_i} \cdots A_{M-1}$（$\overline{A_j}$ は A_j の否定）をまとめて，$A_0 A_1 \cdots A_{j-1} * A_{j+1} \cdots A_{M-2} A_{M-1}$ とする。ここで，A_i のあった位置にスター（*）を入れている点に注意。ペアが見つかった要素に，\$印をつけておく。

[STEP 4] STEP 3 でできた新しい式を，含まれる1の数によってグループ分けする。これを第二次のグループ分けという。

[STEP 5] STEP 3，STEP 4 を，論理的隣接性が発見できなくなるところまで繰り返す。ここで，*は*だけマッチすることに注意。この手順が終わったときに，\$印のつかない項が主項となる。

[STEP 6] 主項を行に，加法標準形の最小項を列にとった表を作り，各主項が最小項を含む箇所に印（>）をつける。

[STEP 7] >を一つしか含まない列をさがす。該当する列の>印を◎印に変える。このとき，対応する主項を必須項（essential term）とよぶ。さらに，◎のついた行の>をすべて○に変える。

[STEP 8] ◎○のついた行と列を，STEP 6 で作成した表から削除する。

[STEP 9] 残った表について，もっとも簡単な主項の組合せを，各列に少なくとも1個の>があるように選ぶ。

[STEP 10] STEP 7 の必須項と STEP 9 の主項の論理和をとったものが求める組合せ論理の式である。

図 3.22 クワイン・マクラスキー法

[STEP 3, STEP 4]

グループ	最小項	印
1	0 0 0 1	\$
2	0 1 0 1	\$
	0 1 1 0	\$
	1 0 0 1	\$
3	0 1 1 1	\$
	1 1 0 1	\$
	1 1 1 0	\$

グループ	組	印
(1, 2)	0 * 0 1	
	* 0 0 1	
(2, 3)	0 1 * 1	
	* 1 0 1	
	* 1 1 0	
	0 1 1 *	
	1 * 0 1	

3.4 クワイン・マクラスキー法による簡単化

[STEP 5] STEP 3, STEP 4 の繰り返し

グループ	最小項	印
1	0 0 0 1	$
2	0 1 0 1	$
	0 1 1 0	$
	1 0 0 1	$
3	0 1 1 1	$
	1 1 0 1	$
	1 1 1 0	$

グループ	組	印
(1, 2)	0 * 0 1	$
	* 0 0 1	$
(2, 3)	0 1 * 1	
	* 1 0 1	$
	* 1 1 0	
	0 1 1 *	
	1 * 0 1	$
(1, 2, 3)	* * 0 1	

これ以上は，組を作ることができない。

主項は，01*1，*110，011*，**01 の四つとなる。

[STEP 6]

	0001	0101	0110	0111	1001	1101	1110
0 1 * 1		>		>			
* 1 1 0			>				>
0 1 1 *			>	>			
* * 0 1	>	>			>	>	

[STEP 7]

	0001	0101	0110	0111	1001	1101	1110
0 1 * 1		>		>			
* 1 1 0			○				◎
0 1 1 *			>	>			
* * 0 1	◎	○			◎	◎	

◎は，×を一つしか含まない列の X
必須項：$\bar{Z} \cdot W$，$Y \cdot Z \cdot \bar{W}$

[STEP 8]

	0111
0 1 * 1	>
0 1 1 *	>

[STEP 9] STEP 8 の表において，残す主項の候補は二つあるが，どちらをとっても回路規模は同じになる。最初の行の主項をとって，$\bar{X} \cdot Y \cdot W$

[STEP 10] STEP 7 の必須項と STEP 9 の主項の論理和をとったものが求める組合せ論理の式である。
$$\bar{Z}\cdot W + Y\cdot Z\cdot \bar{W} + \bar{X}\cdot Y\cdot W$$
これを MIL 記法で表すと，図 3.23 のようになる。

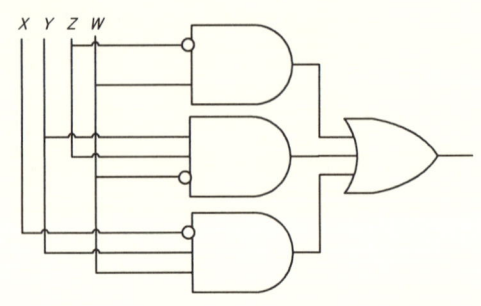

図 3.23 クワイン・マクラスキー法によって簡単化された組合せ回路

クワイン・マクラスキーの方法で，STEP 1 から STEP 5 までで主項を求めることは，カルノー図で「これ以上大きくはとれないループ」を求めることにあたる。STEP 6 から STEP 10 までで主項を選ぶことは，カルノー図で，最終的なループの選択を行うことにあたる。

3.5 例

例 3.5 多数決回路の簡単化

3.2 節で扱った多数決回路 $\sum(3, 5, 6, 7)$ をカルノー図を使って簡単化してみよう。

X \ YZ	00	01	11	10
0			1	
1		1	1	1

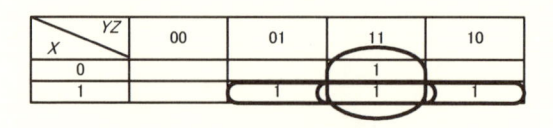

図 3.24 多数決回路のカルノー図

図より，求める組合せ回路は，$X\cdot Y + Y\cdot Z + Z\cdot X$ となる。

次に同じ回路をクワイン・マクラスキー法によって簡単化する。論理的隣接性の表を書くと，次のものを得る（詳細は各自試みられよ）。

3.5 例

グループ	最小項	印
2	0 1 1	$
	1 0 1	$
	1 1 0	$
3	1 1 1	$

グループ	組	印
(2, 3)	* 1 1	
	1 * 1	
	1 1 *	

これ以上は，組を作ることができない。

次に主項と必須項を求める。

	011	101	110	111
* 1 1	◎			○
1 * 1		◎		○
1 1 *			◎	○

表から，すべての主項が必須項であることがわかる。よって，主項の論理和 $X \cdot Y + Y \cdot Z + Z \cdot X$ が答えとなる。

例 3.6 フィボナッチ数の判定

0以上15以下の数を一つ，4桁の2進数で入力し，これがフィボナッチ数であれば1を返す組合せ回路を書く。

いま，フィボナッチ数は，1, 2, 3, 5, 8, 13 なので，加法標準形では，$\sum(0001, 0010, 0011, 0101, 1000, 1101)$ と書ける。

カルノー図を描くと，図 3.25 のようになる。

XY\ZW	00	01	11	10
00		1	1	1
01		1		
11		1		
10	1			

図 3.25 フィボナッチ数検出回路のカルノー図

カルノー図から，$\bar{X} \cdot \bar{Y} \cdot W + \bar{X} \cdot \bar{Y} \cdot Z + Y \cdot \bar{Z} \cdot W + X \cdot \bar{Y} \cdot \bar{Z} \cdot \bar{W}$ が答となる。

次に同じ回路をクワイン・マクラスキー法によって簡単化する。論理的隣接性の表を書くと，次のものを得る（各自試みられよ）。

グループ	最小項	印
1	0 0 0 1	$
	0 0 1 0	$
	1 0 0 0	$
2	0 0 1 1	$
	0 1 0 1	$
3	1 1 0 1	$

グループ	組	印
(1, 2)	0 0 * 1	
	0 * 0 1	
	0 0 1 *	
(2, 3)	* 1 0 1	

これ以上は，組を作ることができない。

次に主項と必須項を求める。

	0001	0010	0011	0101	1000	1101
1 0 0 0					◎	
0 0 * 1	○		○			
0 * 0 1	○			○		
0 0 1 *		◎	○			
* 1 0 1				○		◎

これにより，必須項は，$X \cdot \bar{Y} \cdot \bar{Z} \cdot \bar{W}$，$\bar{X} \cdot \bar{Y} \cdot Z$，$Y \cdot \bar{Z} \cdot W$ となる。
次に◎○を除いた主項について表を作る。

	0001
0 0 * 1	○
0 * 0 1	○

表から，残すべき主項の候補は二つあるが，どちらをとっても回路規模は同じになる。最初の行の主項をとって，$\bar{X} \cdot \bar{Y} \cdot W$ とする。

必須項とこの主項の論理和をとり，$\bar{X} \cdot \bar{Y} \cdot W + \bar{X} \cdot \bar{Y} \cdot Z + Y \cdot \bar{Z} \cdot W + X \cdot \bar{Y} \cdot \bar{Z} \cdot \bar{W}$ が答となる。

本回路を MIL 記法で表現して，図 3.26 を得る。

3.6 ドントケア出力

組合せ回路は，入力変数対出力変数の関係を表現するものである。ところで，入力は通常，N 桁の 2 進数で表されるが，「ありえない入力」または「設計時に禁止した入力」がある場合がある。このような入力に対する出力は，本

3.6 ドントケア出力

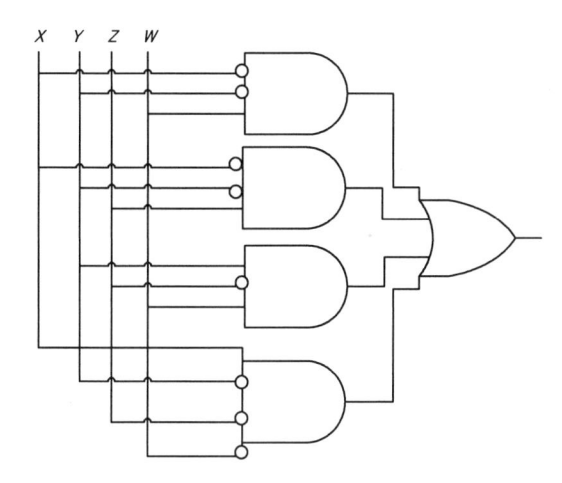

図 3.26 フィボナッチ数の判定回路

来入力されるはずのないものへの応答なので，0でも1でもよいことになる。このような出力のことを，「ドントケア出力」とよぶ。ドントケア出力は，ふつう，回路を簡単にする値をとるものとして設計を行う。

例 3.6′ 10未満のフィボナッチ数の判定

0以上9以下の数を一つ，4桁の2進数で入力し，これがフィボナッチ数であれば1を返す組合せ回路を書く。

いま，この範囲のフィボナッチ数は，1, 2, 3, 5, 8 なので，加法標準形では，$\sum(0001, 0010, 0011, 0101, 1000)$ と書ける。

カルノー図を描くと，図3.27のようになる。ここで，1010以上の入力については，出力はドントケアとなる。よって，図3.27でループで囲った部分を1とみなし，囲われなかった部分を0とみなして処理すればよい。

その結果，$\bar{Y} \cdot Z + \bar{X} \cdot \bar{Z} \cdot W + X \cdot \bar{W}$ が答となる。回路図は，図3.28で与えられる。図3.26と比較して，AND回路が一つ減り，各素子の入力が減って

ZW\XY	00	01	11	10
00		1	1	1
01		1		
11	X	X	X	X
10	1		X	X

図 3.27 9以下のフィボナッチ数を検出する回路のカルノー図

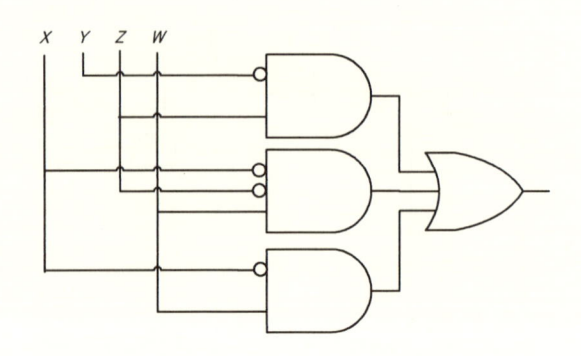

図 3.28 9以下のフィボナッチ数を検出する回路

いるなど，回路規模がかなり小さくなったことに注目されたい。

実際に組合せ回路を簡単化するとき，4入力以下であれば，カルノー図を使うのが便利である。カルノー図は6入力まで適用可能である。7入力以上になると，クワイン・マクラスキー法を使うことになるが，人手でこれを行うのは手間がかかるため，コンピュータのプログラムとしてこれを用いる。

現実の組合せ回路の設計は，小さなモジュールに分解される場合が多く，また次章で述べる回路のように，規則的なパターンの繰り返しになることも多い。入力数の多い複雑な回路をゼロから設計する機会は，それほどあるわけではないが，どんな未知の回路も設計できることが必要なのはいうまでもない。

3.7 複数の出力があるときの簡単化

3.7.1 複数出力の組合せ回路

これまでに扱った組合せ回路の設計法は，N入力1出力のものであった。一般に，複数の出力をもつ回路も，N入力1出力の回路M個に分解して考えれば，問題なく設計できる。

ところで，個々の出力を得るための回路には，お互いに共通に使える部分が含まれることも多い。

例 3.7　表3.3の真理値表で表される論理関数を考えてみよう。表で，X, Y, Zが入力，P, Qが出力とする。

3.7 複数の出力があるときの簡単化

表 3.3 二つの出力をもつ論理関数

X	Y	Z	P	Q
0	0	0	0	0
0	0	1	1	0
0	1	0	0	1
0	1	1	1	0
1	0	0	0	0
1	0	1	0	0
1	1	0	0	1
1	1	1	1	1

カルノー図は，図 3.29 のようになる。

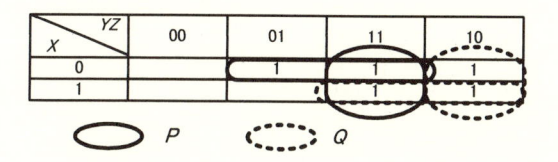

図 3.29 2 出力の論理関数のカルノー図

これを P, Q 個別に簡単化すると，$P=\bar{X}\cdot Z+Y\cdot Z$, $Q=X\cdot Y+Y\cdot\bar{Z}$ を得る(図 3.30(a))。さて，ここで，$P=\bar{X}\cdot Z+X\cdot Y\cdot Z$, $Q=X\cdot Y\cdot Z+Y\cdot\bar{Z}$ も同じ論理回路になる(図 3.30(b))。

図 3.30 の(a)と(b)を比較してみよう。どちらも 2 段(NOT を入れて 3 段)の組合せ論理回路であり，遅延に大差はない((b)は 3 入力 AND を通るので，

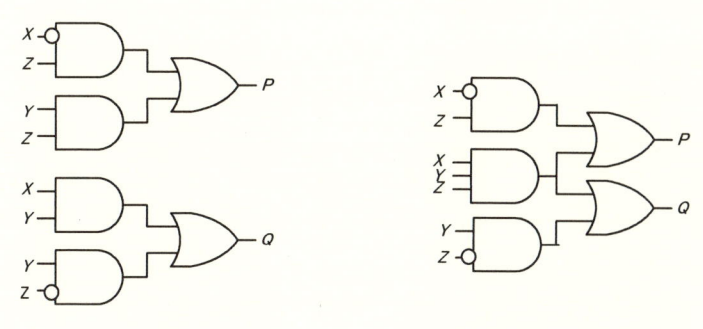

（a） 出力ごとに簡単化した場合　　　　（b） 共通部分を共有した場合

図 3.30 二つの組合せ回路の比較

少しだけ遅くなる)。他方，全体の素子数は，(a)が6で(b)は5である。よって，ふつう，(b)のほうが優れた回路と判断されるだろう。

ここで，多出力関数の場合，個々の出力を生成する論理関数の主項以外のものが，簡単化した組合せ回路に現れることに注意してほしい。

3.7.2 簡単化のための準備
(1) 積関数

いま，$X_0, X_1, X_2, \cdots, X_{N-1}$ を入力変数とし，一つの出力をもつ論理関数 $F_1, F_2, F_3, \cdots, F_M$ が与えられたときに，積関数 $F_1 \cdot F_2 \cdot F_3 \cdot \cdots \cdot F_M$ を次の式で定義する。

$F_1 \cdot F_2 \cdot F_3 \cdot \cdots \cdot F_M (X_0, X_1, X_2, \cdots, X_{N-1})$
  $= 0 : F_1, F_2, F_3, \cdots, F_M$(入力はすべて $X_0, X_1, X_2, \cdots, X_{N-1}$)
     のどれかが0のとき
   $1 : F_1, F_2, F_3, \cdots, F_M$(入力はすべて $X_0, X_1, X_2, \cdots, X_{N-1}$)
     のすべてが1のとき
   $\times$ (ドントケア)$: F_1, F_2, F_3, \cdots, F_M$(入力はすべて $X_0, X_1, X_2, \cdots, X_{N-1}$)
     の一つ以上が×で他のすべてが1のとき

(3.2)

(2) 多出力関数の主項

いま，$X_0, X_1, X_2, \cdots, X_{N-1}$ を入力変数とし，一つの出力をもつ論理関数 $F_1, F_2, F_3, \cdots, F_M$ が与えられたときに，多出力関数 $\{F_1, F_2, F_3, \cdots, F_M\}$ の主項 (multiple-output prime implicant) とは，各 F_i の主項および $\{F_1, F_2, F_3, \cdots, F_M\}$ のうちの任意の組合せの積関数の主項のことである。

3.7.3 簡単化の手順

多出力論理関数の簡単化を，出力関数間のAND素子の共有によって，全体の素子数を減らすことで行う。

もちろん，この方法では，遅延の最小化・規模の最小化にはならない場合もある。すなわち，この簡単化によって，個々のAND素子の入力数や出力数，個々のOR素子の入力数がかえって増える場合もある。ここで述べるのは，これら個々の入力数・出力数よりも，素子数が問題になる場合に有効な方法である。この方法では，たとえ真の最小化にならない場合でも，通常は最小構成とほとんど差のない組合せ回路を得ることができる。

3.7 複数の出力があるときの簡単化

図 3.31 に多出力関数の簡単化の手順を示す。

[STEP 1] 与えられた多出力論理関数の主項(3.7.2 項(2))を求める。具体的には，論理関数のすべての組合せについて積をとり，それぞれの加法標準形を作り，カルノー図(図 3.17)またはクワイン・マクラスキー法(図 3.23 STEP 1～STEP 5)によって主項を求める。
[STEP 2] 主項を行に，加法標準形の最小項を列にとった表を作り，各関数に関係する主項が最小項を含む箇所に印(>)をつける。なお，「各関数が関係する主項」とは，それ自身の主項およびそれを要素とする積関数の主項を指す。
[STEP 3] >を一つしか含まない列をさがし，この列の>印を◎印に変える。このとき，対応する主項を必須項(essential term)とよぶ。さらに，この関数内で◎のついた行の>をすべて○に変える。
[STEP 4] ◎○のついた列を，STEP 2 で作成した表から削除する。1 行がすべて◎○となったら，その行全体を表から削除する。
[STEP 5] 残った表について，もっとも簡単な主項の組合せを，各列に少なくとも 1 個の>があるように選ぶ。
[STEP 6] 各関数について，STEP 4 の必須項と STEP 5 の主項の論理和をとったものが求める組合せ論理の式である。

図 3.31 多出力関数の簡単化

以下，例によってこの手順の理解を深める。

例 3.7′ 表 3.3 の P, Q を，上記手順に従って簡単化する。

$$P = \sum(1, 3, 7)$$
$$Q = \sum(2, 6, 7)$$
$$P \cdot Q = \sum(7)$$

カルノー図は，図 3.32 のようになる。

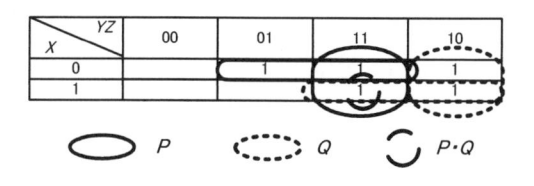

図 3.32 2 出力のカルノー図

よって，主項は，$0*1(P)$, $*11(P)$, $11*(Q)$, $*10(Q)$, $111(P \cdot Q)$ となる。

次に必須項を求める。

	P			Q		
	001	011	111	010	110	111
0 * 1 (P)	◎	○				
* 1 1 (P)		>	>			
1 1 * (Q)			>		>	>
* 1 0 (Q)				◎	○	
1 1 1 (P·Q)			>			>

これにより，P の必須項は $\bar{X}\cdot Z$，Q の必須項は $Y\cdot\bar{Z}$ となる。
次に，◎○を除いた表を作る。

	P	Q
	111	111
0 * 1		
* 1 1	>	>
1 1 *	>	>
* 1 0		
1 1 1	>	>

表から，残すべき主項は，P，Q ともに $X\cdot Y\cdot Z$ となる。
必須項とこの主項の論理和をとり，$P=\bar{X}\cdot Z+X\cdot Y\cdot Z$，$Q=Y\cdot\bar{Z}+X\cdot Y\cdot Z$ が答えとなる。本回路を MIL 記法で表して，図3.30(b)を得る。

例 3.8 下記の4入力関数 P，Q，R を，上記手順に従って簡単化する。

$$P=\Sigma(2,5,6,7,13,15)$$
$$Q=\Sigma(2,6,10,11,14,15)$$
$$R=\Sigma(5,10,11,13,15)$$

まず，積関数を作って，

$$P\cdot Q=\Sigma(2,6,15)$$
$$Q\cdot R=\Sigma(10,11,15)$$
$$R\cdot P=\Sigma(5,13,15)$$
$$P\cdot Q\cdot R=\Sigma(15)$$

それぞれのカルノー図を書く（図3.33）。

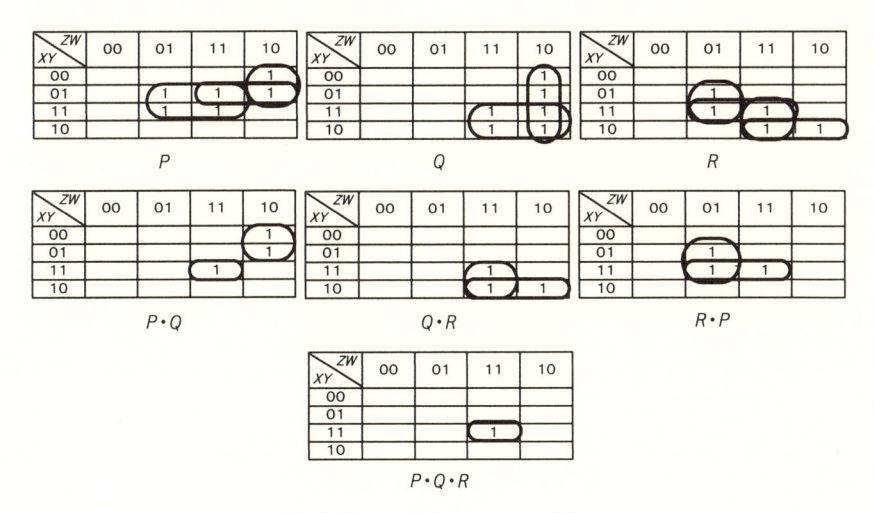

3.7 複数の出力があるときの簡単化

図 3.33 3出力のカルノー図

カルノー図によって主項は，$*1*1(P)$，$011*(P)$，$**10(Q)$，$1*1*(Q)$，$0*10(P\cdot Q)$，$1*11(Q\cdot R)$，$101*(Q\cdot R)$，$*101(R\cdot P)$，$11*1(R\cdot P)$，$1111(P\cdot Q\cdot R)$ となる（複数の関数に属する主項は，最大の数の積をとったものの主項として扱う）。

次に，必須項を求める。

	P						Q						R				
	2	5	6	7	13	15	2	6	10	11	14	15	5	10	11	13	15
$*1*1(P)$		>		>	>	>											
$011*(P)$			>	>													
$**10(Q)$							>	>	>		>						
$1*1*(Q)$									>	>	>	>					
$0*10(P\cdot Q)$	◎		○				>	>									
$1*11(Q\cdot R)$										>		>			>		>
$101*(Q\cdot R)$									>	>				◎	○		
$*101(R\cdot P)$		>			>								◎			○	
$11*1(R\cdot P)$					>	>										>	>
$1111(P\cdot Q\cdot R)$						>						>					>

これにより，Pの必須項として$\bar{X}\cdot Z\cdot\bar{W}$，$R$の必須項として$X\cdot\bar{Y}\cdot Z$と$Y\cdot\bar{Z}\cdot W$が求まる。

次に，◎○を除いた表を作る。

	P				Q						R
	5	7	13	15	2	6	10	11	14	15	15
* 1 * 1 (P)	>	>	>	>							
0 1 1 * (P)		>									
* * 1 0 (Q)					>	>	>		>		
1 * 1 * (Q)							>	>	>	>	
0 * 1 0 (P·Q)					>	>					Pの必須項
1 * 1 1 (Q·R)								>		>	>
1 0 1 * (Q·R)							>	>			Rの必須項
* 1 0 1 (R·P)	>		>								Rの必須項
1 1 * 1 (R·P)		>	>								>
1 1 1 1 (P·Q·R)			>							>	>

この表から，次のことがわかる。

（1）論理関数 P は，$*1*1$ があれば残りのすべての列の最小項がカバーされる。簡単化のためにこれ以上良い積項はない。

（2）論理関数 Q は，一つで全体をカバーできる積項をもたない。しかし，すでに積項として存在するものを共用してやれば，数少ない積項を追加することで Q を実現することができる。ここでは，P の必須項 $0*10$ を共用し，$1*1*$ を追加すれば，Q が実現される。

（3）R は，どの主項をとっても，追加の項一つで実現される。共用できる項がないので，リテラル数の少ない $11*1$ または $1*11$ を残してやればよい。

以上から，必須項と残した主項の論理和をとって，以下の答を得る。

$$P = \overline{X} \cdot Z \cdot \overline{W} + Y \cdot W$$
$$Q = \overline{X} \cdot Z \cdot \overline{W} + X \cdot Z$$
$$R = X \cdot \overline{Y} \cdot Z + Y \cdot \overline{Z} \cdot W + X \cdot Y \cdot W$$

（最後の積項は $X \cdot Z \cdot W$ でもよい）

MIL 記法による回路の記述を，図 3.34 に記す。

ここで，Q は単独の論理関数であれば，$Z \cdot \overline{W} + X \cdot Z$ にするのがよいが，ここでは，P との共通部分である $\overline{X} \cdot Z \cdot \overline{W}$ を使って，全体としての素子数を節約している。

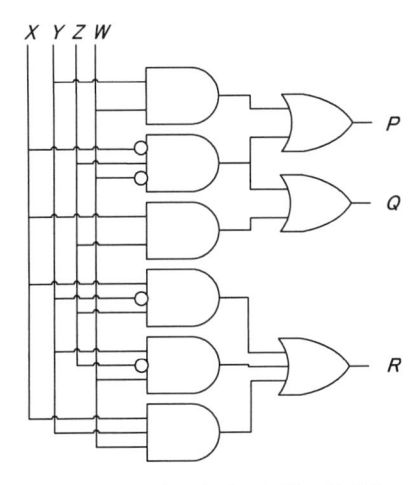

図 3.34 3 出力組合せ回路の簡単化

演習問題 3

3.1 下記の 3 入力関数を簡単化せよ.答えは,ブール代数の式と MIL 記法の回路の両方で記せ.

$$\Sigma(0, 1, 5, 6, 7)$$
$$\Sigma(0, 1, 2, 3, 5, 7)$$
$$\Sigma(0, 1, 2, 4, 7)$$

3.2 下記の 4 入力関数を簡単化せよ.答えは,ブール代数の式と MIL 記法の回路の両方で記せ.

$$\Sigma(0, 1, 5, 7, 8, 10, 14, 15)$$
$$\Sigma(1, 5, 6, 7, 10, 12, 13, 15)$$
$$\Sigma(0, 2, 8, 10, 14)$$

3.3 0 以上 15 以下の整数を 4 ビットの 2 進数として入力し,これが素数ならば 1 を,素数でなければ 0 を返す回路を書け.入力が 1 以上 9 以下ならどうか.
答えは,ブール代数の式と MIL 記法の回路の両方で記せ.

3.4 4 題の問題 a, b, c, d を出題し,それぞれ正解であれば,$A=1$, $B=1$, $C=1$, $D=1$,不正解であれば $A=0$, $B=0$, $C=0$, $D=0$ になるとする.次の三つの規則があるとき,合格を判定する回路を作れ(すべての規則を同時に満足する回路を一つだけ書け).
 (1) 4 問中 2 問できなければ不合格
 (2) a が不正解のときは,残り 3 問に正解したときのみ合格
 (3) b が不正解のときは,残り 3 問に正解したときのみ合格
答えは,ブール代数の式と MIL 記法の回路の両方で記せ.

3.5 下記の4入力関数 P, Q, R を，全体として簡単化せよ．
$$P = \Sigma(2, 5, 6, 7, 13, 15)$$
$$Q = \Sigma(2, 6, 10, 11, 14, 15)$$
$$R = \Sigma(5, 7, 12, 13, 14, 15)$$
　答えは，ブール代数の式と MIL 記法の回路の両方で記せ．

3.6 0以上15以下の整数を4ビットの2進数として入力し，これが素数のときのみ1を返す関数を P，フィボナッチ数のときのみ1を返す関数を Q，奇数のときのみ1を返す関数を R とする．P, Q, R を全体として簡単化せよ．入力が1以上9以下ならどうか．
　答えは，ブール代数の式と MIL 記法の回路の両方で記せ．

4. 代表的な組合せ回路

4.1 よく使われる組合せ回路

コンピュータや通信に使われる論理回路には，必ず使われるいわば「定番」の組合せ回路がある。ここでは，その代表的なものを取り上げ，その構成法を述べる。

4.2 加算器

コンピュータの中でも重要な組合せ回路は，演算を行う回路である。そのもっとも基本的なものが加算器(adder)である。加算器は，1章で述べた2進数の加算を行うための回路である。

加算器の基本となるのが，1ビットの加算回路である。その真理値表を表4.1に示す。

表を見れば明らかなように，和 S は X と Y の排他的論理和(XOR)になり，桁上がり出力 C_{out} は X と Y の論理積(AND)となる。MIL記法を用い

表 4.1　1ビットの加算回路の真理値表

X	Y	S	C_{out}
0	0	0	0
0	1	1	0
1	0	1	0
1	1	0	1

ただし，S は X と Y の和，C_{out} は桁上がり出力 (carry out)。

図 4.1　1ビット半加算器の回路　　図 4.2　積和型の1ビット半加算器

てこれを図示すると，図4.1のようになる。

図4.1を半加算器(half adder)とよぶ。「半」の意味は，「桁上がり入力 (carry in)のない加算器」という意味である。これを積和の形に作り直すと，図4.2を得る。この回路は，これ以上簡単化されない。

一般に，1ビットの加算器は，半加算器に，桁上がり入力を加えたものとなる。これを全加算器とよぶ。全加算器の真理値表を表4.2に示す。

表 4.2　1ビット全加算回路の真理値表

X	Y	C_{in}	S	C_{out}
0	0	0	0	0
0	0	1	1	0
0	1	0	1	0
0	1	1	0	1
1	0	0	1	0
1	0	1	0	1
1	1	0	0	1
1	1	1	1	1

ただし，S は X と Y の和，C_{in} は桁上がり入力 (carry in)，C_{out} は桁上がり出力 (carry out)。

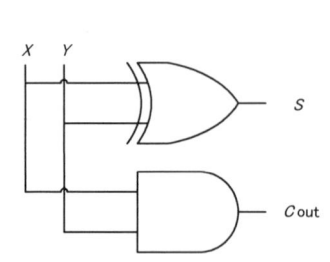

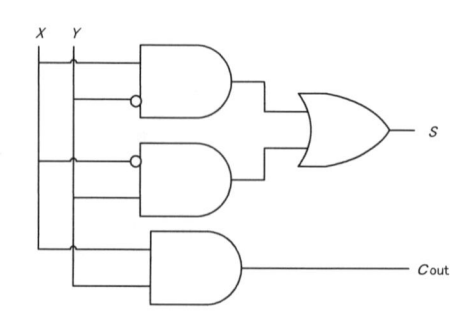

3章に述べたやりかたで，回路を簡単化しよう。加法標準形の記法に従うと，

$$S = \Sigma(1, 2, 4, 7)$$
$$C_{out} = \Sigma(3, 5, 6, 7)$$
$$S \cdot C_{out} = \Sigma(7)$$

である。これをカルノー図に書くと，図4.3のようになる。

4.2 加算器

	Y·Cin\00	01	11	10
X 0		1		1
1	1		1	

S

	Y·Cin\00	01	11	10
X 0			1	
1		1	1	1

Cout

	Y·Cin\00	01	11	10
X 0				
1			1	

S·Cout

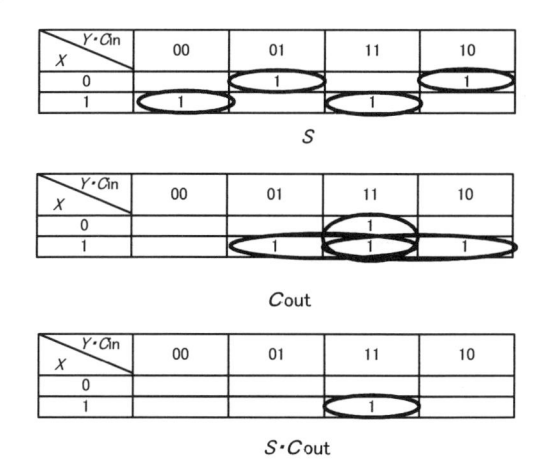

図 4.3 1ビット全加算器のカルノー図

カルノー図から必須項を求める。

	S				C_{out}			
	1	2	4	7	3	5	6	7
0 0 1(S)	◎							
0 1 0(S)		◎						
1 0 0(S)			◎					
* 1 1(C_{out})					◎			○
1 * 1(C_{out})						◎		○
1 1 *(C_{out})							◎	○
1 1 1(S·C_{out})				◎				>

これにより，S の必須項として $\overline{X}\cdot\overline{Y}\cdot C_{in}$，$\overline{X}\cdot Y\cdot\overline{C_{in}}$，$X\cdot\overline{Y}\cdot\overline{C_{in}}$，$X\cdot Y\cdot C_{in}$，$C_{out}$ の必須項として $X\cdot Y$，$X\cdot C_{in}$，$Y\cdot C_{in}$ が求まる。これを MIL 記法で記述すると，図 4.4 のようになる。

1ビット全加算器を観察すると，和は3入力の XOR，C_{out} は3入力の多数決論理であることがわかる。すなわち，図 4.4 は図 4.5 のように書いてもよい。

N ビット加算器($N \geqq 2$)の回路は，一般的には，$2\times N$ 入力，$N+1$ 出力の組合せ回路として，クワイン・マクラスキー法などを使って設計してやればよい。しかし，これを最初からやると複雑になりすぎるため，通常は，1ビット

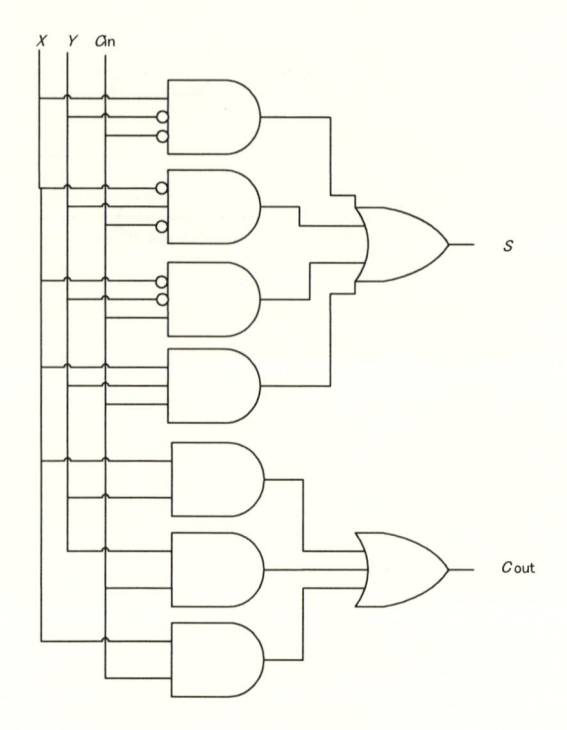

図 4.4　1 ビット全加算器

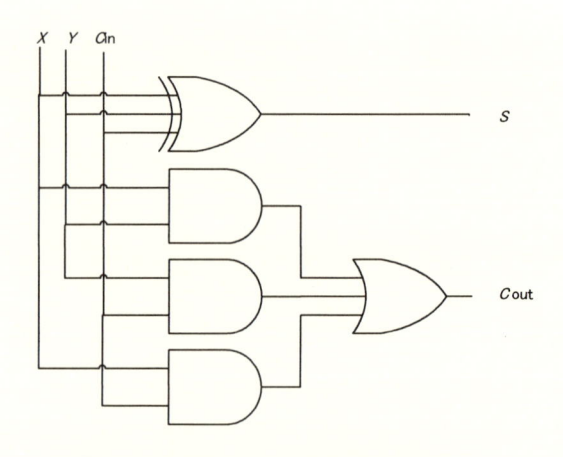

図 4.5　XOR による全加算器の回路

4.2 加算器

全加算器を N 個並列に並べ，C_{in} と C_{out} を直列接続したもの(図 4.6)を基本として考える。これをリプルキャリ型加算器(ripple carry adder)とよぶ。また，ここでのキャリの接続のように，下位から上位への数珠つなぎに接続していくことを，一般にカスケード接続(connection in cascade)という。

加算器を単独で使うときは，図の C_0 は常に 0 であり，これをさらに他の加算器と並べてよりビット数の大きな加算器として用いる場合は，C_0 を下位の加算器の C_N に接続して用いる。

リプルキャリ型加算器は，人間が筆算で加算する通りに動くため動作がわかりやすく，(1 ビット全加算器 ∗ N)で済むため規模も小さく，また回路が規則的である。その反面で，キャリの伝搬に N に比例した時間がかかる欠点がある。

そこで，キャリの伝搬遅延を短くする方式がとられる。すなわち，上位の桁の加算器では，下位の桁からのキャリを待たず，下位の桁の入力から直接これ

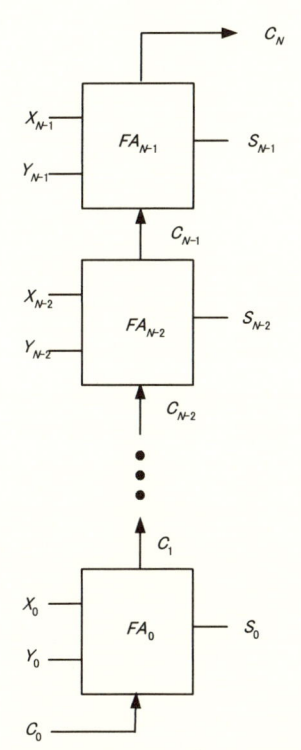

図 4.6 リプルキャリ型の N ビット加算器
(FA_i：i 番目のビット用の全加算器)

を生成し，遅延を減らす．これをキャリルックアヘッド型加算器(carry look ahead adder)とよぶ．

キャリ入力を作る手順を以下に示す．

ある桁のキャリ出力になるのは，「その桁の二つの入力がともに1であるか，どちらかが1で一つ下の桁のキャリ出力が1のとき」である．これを漸化式にすると，

$$C_{i+1} = X_i \cdot Y_i + (X_i + Y_i) \cdot C_i \tag{4.1}$$

式(4.1)をこのまま実現すると，リプルキャリ方式となる．キャリルックアヘッド方式は，これを展開して，

$$C_i = \sum_{j=-1}^{i-1} \{ X_j \cdot Y_j \cdot \prod_{k=j+1}^{i-1} (X_k + Y_k) \}$$

$$\text{ただし，} X_{-1} = Y_{-1} = 0, \prod_{k=i}^{i-1}(X_k + Y_k) = 1 \tag{4.2}$$

とする．式(4.2)を用いて，4ビットのキャリルックアヘッド型加算回路を書くと，図4.7のようになる．キャリルックアヘッド型加算器では，原理的にNの対数($\log N$)に比例した計算時間となる．

4.3 減算器

Nビットの減算器(subtractor)の作り方は，大きく三つが考えられる．

[方法1] $2 \times N$入力，$N+1$出力の組合せ回路として設計する．

[方法2] 加算器同様1ビット全減算器を作り，これをNビット分つなげる．

[方法3] Nビットの加算器を用意し，被減算数はそのまま，減算数は2の補数をとってこれに入力する．

方法1は，最初からやると複雑すぎるため，普通はとらない．方法2は，減算だけを独立して行う回路としてはもっとも妥当なやりかたである．以下に，1ビット全減算器(full subtractor)の回路を，真理値表(表4.3)，カルノー図(図4.8)，MIL記法による組合せ回路(図4.9)の順で求める．Nビット減算器は，これを使ってボロールックアヘッド(borrow look ahead)型などで作ればよい．

実際の論理回路では，減算器だけが独立して設けられることは少ない．すなわち，方法3に一般性がある．

4.3 減算器

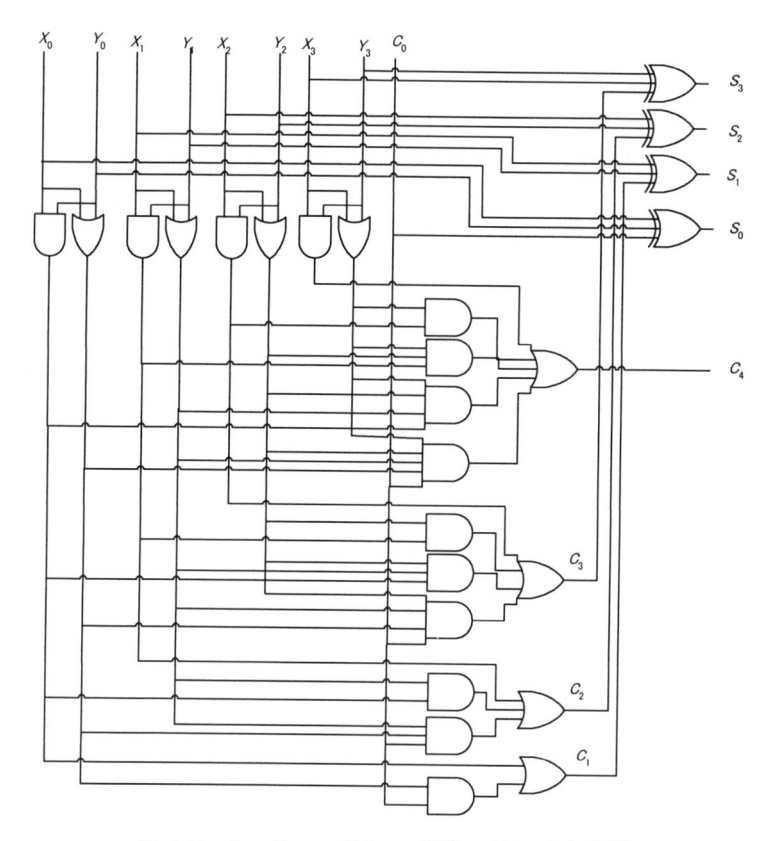

図 4.7 キャリルックアヘッド型の 4 ビット加算器

表 4.3 1 ビット全減算回路の真理値表

X	Y	B_{in}	D	B_{out}
0	0	0	0	0
0	0	1	1	1
0	1	0	1	1
0	1	1	0	1
1	0	0	1	0
1	0	1	0	0
1	1	0	0	0
1	1	1	1	1

ただし，D は X と Y の差，B_{in} は桁下がり入力 (borrow in)，B_{out} は桁下がり出力 (borrow out)．

Y·Bin X	00	01	11	10
0		1	1	1
1	1		1	

D

Y·Bin X	00	01	11	10
0		1	1	1
1			1	

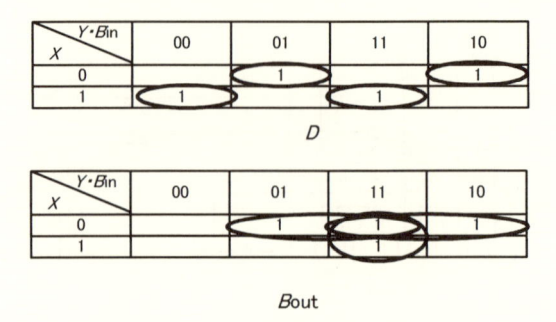

Bout

図 4.8 1ビット全減算器のカルノー図

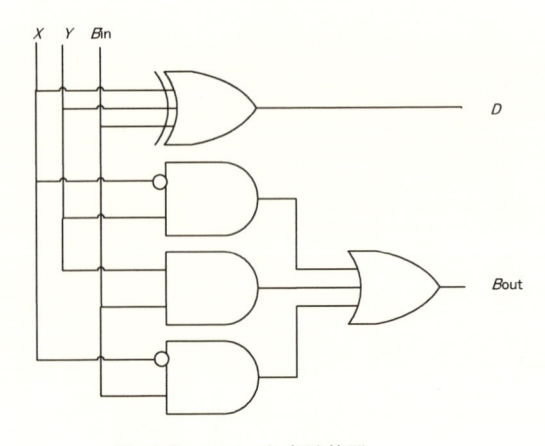

図 4.9 1ビット全減算器

方法3では，減算数の2の補数をとる回路を作ってやる必要がある．1章で述べたように，これは，各桁の1と0を反転し，1を加えるという回路となる．すなわち，「減算数の各桁の1と0を反転する」「これに1を加える」「これを被減算数に加える」という三つの作業が，方法3の減算となる．ところで，このうち，2番目の作業と3番目の作業は順序を問わない(加算の交換法則)．そこで実際は，図4.10のような回路で減算を行う．図で，X，Y，Dは，それぞれNビット幅の信号線であり，加算器に入力する前に，Yのすべてのビットを反転している．Yの入力はN本それぞれにNOTの回路が入っている．

図で，通常の加算では用のなかったC_{in}の信号が補数計算のために使われている点に注意してほしい．

4.4 ALU

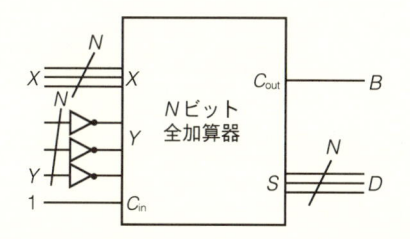

図 4.10 加算器を使った N ビット減算器

4.4 ALU

N ビット加算器，N ビット減算器の作り方を前節までで述べたが，制御信号を適当に入れることで，加減算器を作ることができる（図 4.11）。

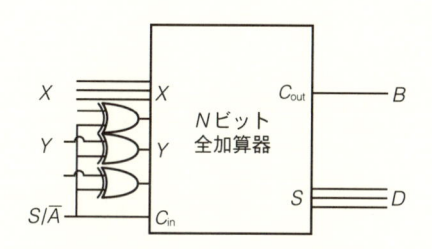

図 4.11 N ビット加減算器

図 4.11 と図 4.10 の差は，制御信号 $S/\overline{A}$ によって，加算 $(S/\overline{A}=0)$ を行うか，減算 $(S/\overline{A}=1)$ を行うかが決められるところである。

これはもっとも簡単な例だが，一般に演算回路は，複数の有用な演算を行う一つの回路を作り，制御信号によって選択するようにする。こうしてできた演算回路を，ALU（Arithmetic Logic Unit，算術論理演算ユニット）とよぶ。

図 4.12 に代表的回路である 74181 型 ALU の仕様を記す。本 ALU では，加減算の他に，否定，AND，OR，XOR，カウントアップ，カウントダウンなど，多数の演算回路が含まれ，これらを S_0〜S_3 および M の 5 本の制御線で選択するようになっている。これを 32 ビットや 64 ビットに拡張したものが，実際の電子計算機のプロセッサの演算回路として使われていると考えてよい。

乗算器（multiplier）・除算器（divider）は，加算器・減算器を要素として作る

ことができる。具体的には，1.3.4 項，1.3.5 項で述べた 2 進数の乗算・除算のアルゴリズムに従って，回路を設計すればよい。実際の回路の設計では，高速化やゲート数削減のための工夫がほどこされる。コンピュータは，乗算器・除算器をもたなくても，機械語のプログラムによってシフトと加減算を繰り返すことでこれが実現されるが，高速化のためにハードウェアの回路として実現されるのが普通である。

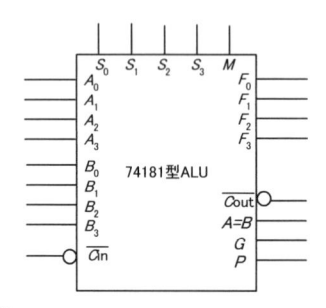

(a) 入出力線

A, B はデータ入力，F はデータ出力。S と M は制御信号。
C_{in} はキャリ入力，C_{out} はキャリ出力。
$A=B$ は 2 組のデータ入力の値が等しいときに 1 となる(出力)。
G, P は桁上げ信号(出力)。

制御信号 $S_3S_2S_1S_0$	$M=1$: 論理演算	$M=0$: 算術演算	
		$\overline{C_{in}}=0$	$\overline{C_{in}}=1$
0 0 0 0	$F=\overline{A}$	$F=A$	$F=A$ **PLUS** 1
0 0 0 1	$F=\overline{A+B}$	$F=A+B$	$F=(A+B)$ **PLUS** 1
0 0 1 0	$F=\overline{A}\cdot B$	$F=A+\overline{B}$	$F=(A+\overline{B})$ **PLUS** 1
0 0 1 1	$F=0$	$F=1111$	$F=$**ZERO**
0 1 0 0	$F=\overline{A\cdot B}$	$F=A$ **PLUS** $A\cdot\overline{B}$	$F=A$ **PLUS** $A\cdot\overline{B}$ **PLUS** 1
0 1 0 1	$F=\overline{B}$	$F=(A+B)$ **PLUS** $A\cdot\overline{B}$	$F=(A+B)$ **PLUS** $A\cdot\overline{B}$ **PLUS** 1
0 1 1 0	$F=A\oplus B$	$F=A$ **MINUS** B **MINUS** 1	$F=A$ **MINUS** B
0 1 1 1	$F=A\cdot\overline{B}$	$F=A\cdot\overline{B}$ **MINUS** 1	$F=A\cdot\overline{B}$
1 0 0 0	$F=\overline{A}+B$	$F=A$ **PLUS** $A\cdot B$	$F=A$ **PLUS** $A\cdot B$ **PLUS** 1
1 0 0 1	$F=\overline{A\oplus B}$	$F=A$ **PLUS** B	$F=A$ **PLUS** B **PLUS** 1
1 0 1 0	$F=B$	$F=(A+\overline{B})$ **PLUS** AB	$F=(A+\overline{B})$ **PLUS** $A\cdot B$ **PLUS** 1
1 0 1 1	$F=A\cdot B$	$F=A\cdot B$ **MINUS** 1	$F=A\cdot B$
1 1 0 0	$F=1$	$F=A$ **PLUS** A	$F=A$ **PLUS** A **PLUS** 1
1 1 0 1	$F=A+\overline{B}$	$F=(A+B)$ **PLUS** A	$F=(A+B)$ **PLUS** A **PLUS** 1
1 1 1 0	$F=A+B$	$F=(A+\overline{B})$ **PLUS** A	$F=(A+\overline{B})$ **PLUS** A **PLUS** 1
1 1 1 1	$F=A$	$F=A$ **MINUS** 1	$F=A$

(b) 動作

図 4.12　74181 型 ALU (4 ビット)

4.5 デコーダ

浮動小数点演算は，これらの操作以外に，桁合わせや丸めなどの操作が必要となる．一般に浮動小数点演算は，ALU とは別の専用回路 FPU(Floating Point Unit，浮動小数点演算ユニット)で行われることが多い．

4.5 デコーダ

デコーダ(decoder，復号器)は，2進数の入力に対して，これに対応する出力線にオンの信号を与えるものである．具体的には，N 本の信号線があったとき，これに信号 $D_{N-1}D_{N-2}\cdots D_0$ が乗っていたとすると，出力線(全部で 2^N 本ある)のうちの $D_{N-1}D_{N-2}\cdots D_0$ 番目をオンにする(通常1を0にする)というものである．図 4.13 に3ビットのデコーダを記す．

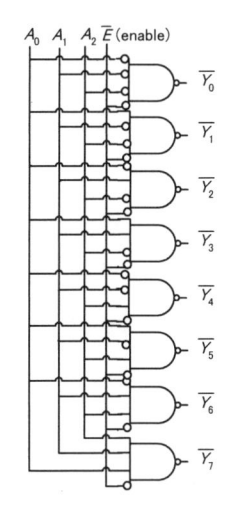

図 4.13 3ビットデコーダ

デコーダには通常，イネーブル入力(enable input)端子があり，全出力を有効にするかどうかを制御している(図では，イネーブル端子はオンのとき0になる点に注意せよ)．

大規模なデコーダは，小規模なデコーダを組み合わせて作ることができる．図 4.14 に，2ビットデコーダと3ビットデコーダを用いて5ビットデコーダを作った例を示す．ここでは，上位の2ビットをデコードして3ビットデコーダのイネーブル端子に入力している．

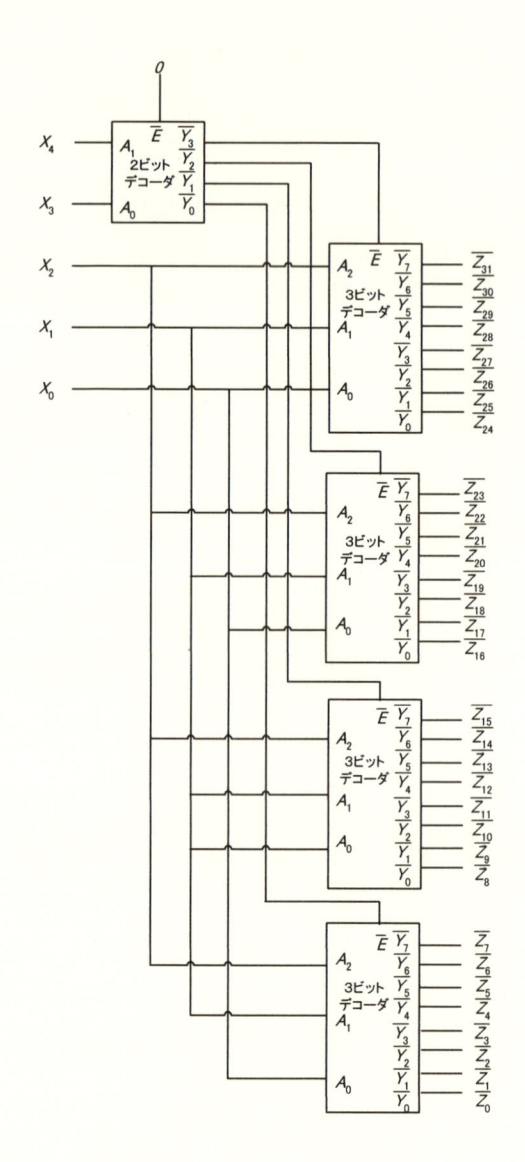

図 4.14 2ビットおよび3ビットデコーダによる5ビットデコーダの構成

4.6 エンコーダ

エンコーダ(encoder, 符号化器)は，デコーダの逆の操作を行う．すなわち，2^N 本の入力のうち，オンになった入力を2進数にコード化して出力する．ふつう，入力線の間には優先度(priority)があり，複数の入力がオンになった場合には，どれか一つの入力が優先されてコード化される．特にこのようなエンコーダを優先度つきエンコーダ(priority encoder)とよぶ．

図 4.15 に，8-3 優先度つきエンコーダの回路を示す．この回路では，添字の数の大きな入力が優先されている($\overline{E}$ はイネーブル入力)．

入力									出力		
$\overline{Y_0}$	$\overline{Y_1}$	$\overline{Y_2}$	$\overline{Y_3}$	$\overline{Y_4}$	$\overline{Y_5}$	$\overline{Y_6}$	$\overline{Y_7}$	$\overline{E}$	A_0	A_1	A_2
*	*	*	*	*	*	*	0	0	1	1	1
*	*	*	*	*	*	0	1	0	0	1	1
*	*	*	*	*	0	1	1	0	1	0	1
*	*	*	*	0	1	1	1	0	0	0	1
*	*	*	0	1	1	1	1	0	1	1	0
*	*	0	1	1	1	1	1	0	0	1	0
*	0	1	1	1	1	1	1	0	1	0	0
*	1	1	1	1	1	1	1	0	0	0	0
*	*	*	*	*	*	*	*	1	0	0	0

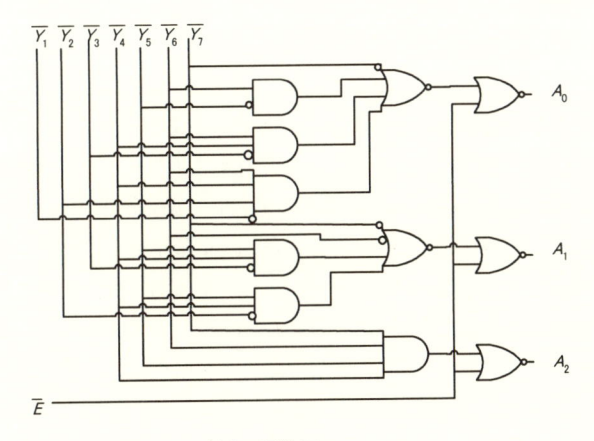

(a) 真理値表

(b) 回路図

図 4.15 8-3 優先度つきエンコーダ

4.7 マルチプレクサ

マルチプレクサ (multiplexer) は,複数の入力から,一つを選択して出力する回路であり,データセレクタ (data selector) ともよばれる。ディジタル回路ではもっともよく使われる基本回路の一つである。

図 4.16 に 4 入力のマルチプレクサを示す。この回路では,選択信号 S_1, S_0 の値に応じて,入力 I_0 から I_3 までの中から一つを選択する。

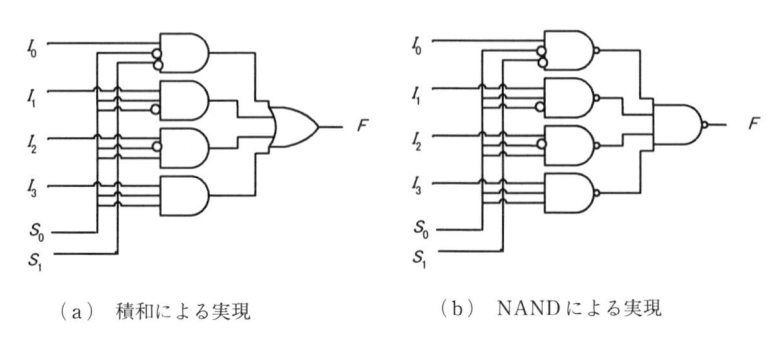

（a） 積和による実現　　　　　　（b） NAND による実現

図 4.16　4 入力マルチプレクサ

基本となるマルチプレクサを木状に接続して,多入力のマルチプレクサを作ることができる。図 4.17 に 16 入力のマルチプレクサを,5 個の 4 入力マルチプレクサで構成した例を示す。

また,マルチプレクサは,汎用の組合せ回路として用いることもできる。

いま,$N+1$ 入力の任意の論理関数 F があるとする。2^N データ入力のマルチプレクサを用意して,次のように入力を与える。

(1) F の N 個の入力 $X_N X_{N-1} \cdots X_1$ をマルチプレクサの選択信号に入れる。

(2) 次のようにマルチプレクサの $I_N I_{N-2} \cdots I_1 I_0$ 番目の入力の値を決める。

$F(I_N, I_{N-1}, \cdots, I_1, 0) = 0$,　$F(I_N, I_{N-1}, \cdots, I_1, 0) = 0$ のとき,入力 $= 0$

$F(I_N, I_{N-1}, \cdots, I_1, 0) = 0$,　$F(I_N, I_{N-1}, \cdots, I_1, 1) = 1$ のとき,入力 $= X_0$

$F(I_N, I_{N-1}, \cdots, I_1, 0) = 1$,　$F(I_N, I_{N-1}, \cdots, I_1, 1) = 0$ のとき,入力 $= \overline{X_0}$

$F(I_N, I_{N-1}, \cdots, I_1, 0) = 1$,　$F(I_N, I_{N-1}, \cdots, I_1, 0) = 1$ のとき,入力 $= 1$

ただし,X_0 は,F の最後の入力とする。

これで求める組合せ回路が得られる。なぜならば,(1) によってマルチプレクサの出力は $X_N X_{N-1} \cdots X_1$ 番目の入力の値となるが,(2) によって,これは F

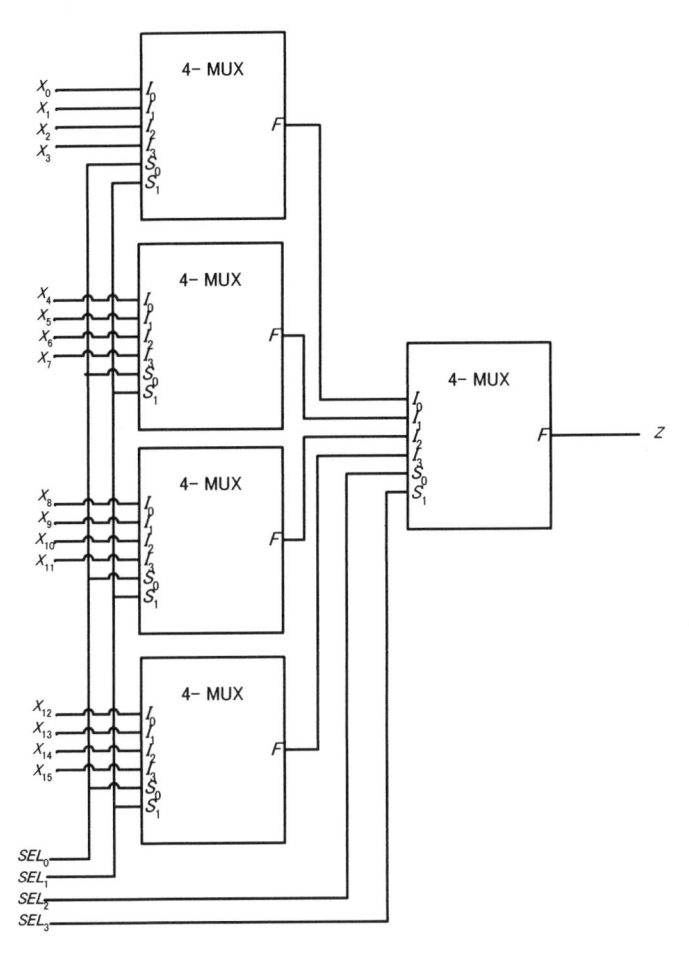

図 4.17 4入力マルチプレクサによる16入力マルチプレクサの実現

$(X_N, X_{N-1}, \cdots, X_1, X_0)$ となるからである。

図 4.18 にこの方法で求めた $\Sigma(1, 3, 4)$ の回路を記す。この方式では，入力値を変えるだけで設計ができて簡便だが，入力の数が増えると回路規模はかなり大きくなる。

X	Y	Z	F
0	0	0	0
0	0	1	1
0	1	0	0
0	1	1	1
1	0	0	1
1	0	1	1
1	1	0	0
1	1	1	0

（a）真理値表　　　（b）マルチプレクサによる実現

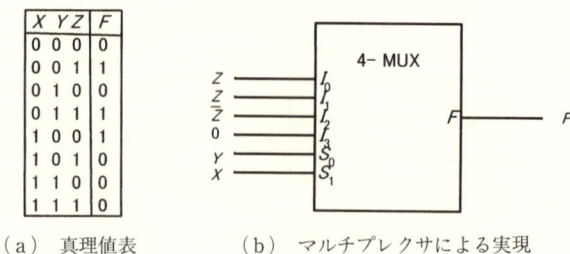

図 4.18　マルチプレクサを用いた組合せ論理回路

4.8　デマルチプレクサ

　マルチプレクサの逆の操作をする論理回路，すなわち，1本の入力 I を選択信号によって，N 本の出力に振り分ける回路がデマルチプレクサ(demultiplexer)である。

　デマルチプレクサは，入力 I がオンのときは，選択信号に対応する出力線をオンにする。そして，入力 I がオフのときは，これをオフにする（選択信号で選ばれなかった出力はすべてオフ）。これは，4.5節であげたデコーダのイネーブル端子に入力 I を，データ入力に選択信号を，それぞれ入力したものと同じ動作をする（図 4.19）。

　このように，デマルチプレクサとデコーダは同じ回路の別の顔である。した

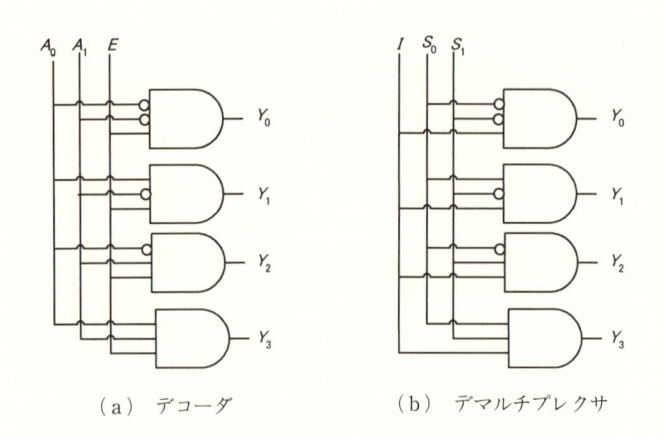

（a）デコーダ　　　（b）デマルチプレクサ

図 4.19　デコーダとデマルチプレクサ
　　　　（入出力ともに，オンのときを1としている）

がって，4.5節の議論は，デマルチプレクサにもそのままあてはまる．

4.9 コンパレータ

N ビットコンパレータ(comparator, 比較器)は，二つの N ビットの2進数の大小を比較する論理回路である．ここでは，符号なしのコンパレータを考える．

いま，2進数 $A = A_{N-1}A_{N-2}\cdots A_0$ と $B = B_{N-1}B_{N-2}\cdots B_0$ (A_i, B_i は 0 または 1)が与えられたとき，次のことが成り立つ．

（1） すべての i について $A_i = B_i$ のとき，$A = B$
（2） $i = N-1, N-2, \cdots, j+1$ で $A_i = B_i$ で，$A_j = 1, B_j = 0$ のとき，$A > B$
（3） $i = N-1, N-2, \cdots, j+1$ で $A_i = B_i$ で，$A_j = 0, B_j = 1$ のとき，$A < B$

したがって，コンパレータの回路は図 4.20 のようになる．

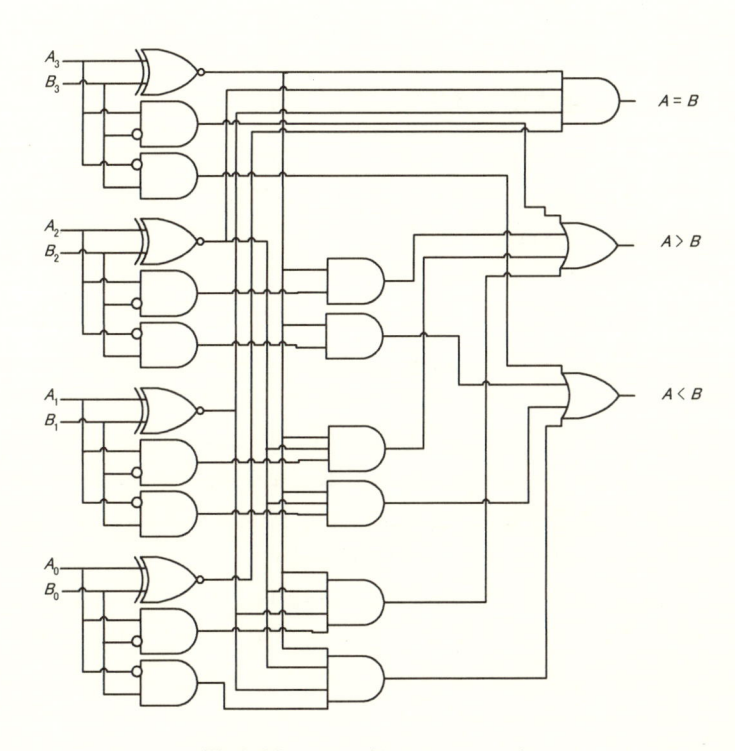

図 4.20 4ビット・コンパレータ

N ビットのコンパレータを連結して，大きなコンパレータを作ることができる．図 4.21 は 4 ビットのコンパレータを連結して，12 ビットのコンパレータを作った例である．図で，入力端子 In $A<B$, In $A=B$, In $A>B$ は下位ビットの出力とカスケード接続(4.2 節参照)されていて，このコンパレータでの比較が $A=B$ のとき，下位の比較結果が比較結果として出力される(図 4.20 にこれらの入力を加えるのは，本章の演習問題 4.6 で試みよ)．

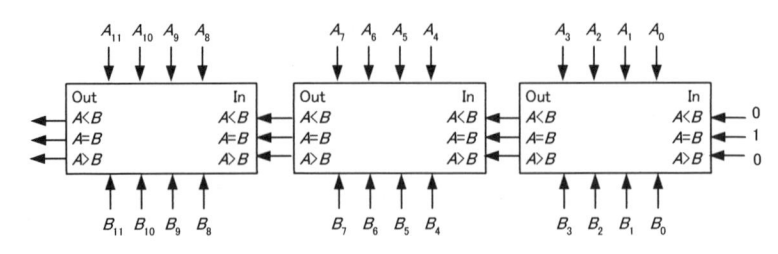

図 4.21 コンパレータのカスケード接続

4.10 パリティ生成器とパリティチェッカ

データ D のパリティ(parity)とは，「D の各桁の数字のうち，1 の数が偶数のとき 0，奇数のとき 1」と定義される．D のパリティを生成する回路をパリティ生成器(parity generator)とよぶ．

パリティの用途は，データ転送などのときのエラー検出にある．すなわち，D にパリティを加えて $N+1$ ビットを送ったとき，正しく送られていれば全体のパリティは 0 となり，1 ビットの反転($1 \longleftrightarrow 0$)が起こっていれば，全体のパリティは 1 になる．このとき，転送後のパリティを検査してエラーの有無を調べる回路をパリティチェッカ(parity checker)とよぶ．

パリティ生成器の回路は，N 入力の XOR となり，パリティチェッカの回路は $N+1$ 入力の XOR となる．図 4.22 に 4 ビットのデータ転送を行う際の，パリティ生成器とパリティチェッカの回路を示す．

パリティチェッカによって検出される転送誤りは，1 ビットのビット反転であり，2 ビット以上の反転の検出や，1 ビット反転の修正は，1 個のパリティを追加するだけではできない．

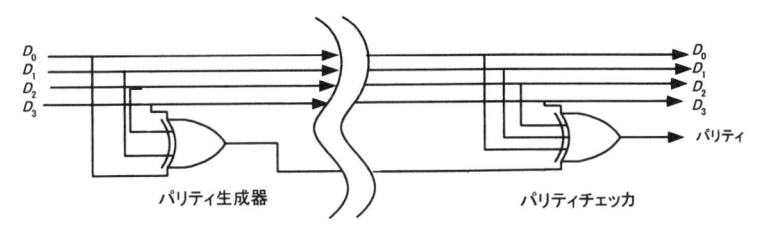

図 4.22 パリティ生成器とパリティチェッカ

演習問題 4

4.1 Nビットの加算器について，リプルキャリ型とキャリルックアヘッド型の計算遅延を比較して定量的に論ぜよ．

4.2 Nビットのキャリルックアヘッド型加算器は，Nが大きくなると，上位の桁のキャリルックアヘッド回路が大きくなりすぎる．そこで，M桁のキャリルックアヘッド型の加算器をブロックとして，ブロック間はリプルキャリ型で接続する構成によって，回路規模を小さくする方法が考えられる．このときのMをブロックサイズとよぶ．

Nビットの加算器を作ることを考えたとき，ブロックサイズと基本ゲート数の関係，ブロックサイズとキャリの最大遅延の関係を簡潔に論ぜよ．

4.3 4ビットの2進数二つの積をとる回路を設計せよ．Nビット加算器(図4.7参照)を基本回路として使ってよい．

4.4 入力の優先度つきエンコーダ(図4.15)2つといくつかの素子を組み合わせて，16入力の優先度つきエンコーダを作れ．

4.5 8入力マルチプレクサを用いて，$\sum(0, 1, 2, 5, 6, 9, 11, 13, 14)$を実現せよ．

4.6 図4.20にカスケード入力と付加回路を追加して，コンパレータをカスケード接続できるようにせよ．

4.7 パリティ生成器とパリティチェッカを複数用いて，4ビットのデータを転送する際に，1ビットの反転を修正(検出ではなく修正)する回路を作れ．

5.
フリップフロップ

5.1 SR ラッチ —— 一番簡単な記憶回路 ——

前章までで，論理関数と組合せ回路について学んだ．四則演算，論理演算，データの選択，符号化・復号化などの操作は，組合せ回路で実現される．しかし，その結果を記憶することは，組合せ回路ではできない．

記憶のためには，状態を保存する回路が必要である．フリップフロップ(flip flop)は，そのためのもっとも基本的な回路である．

図5.1の回路を考えてみよう．これまで見てきた組合せ回路とは違って，この回路は，出力側から入力側へ戻ってくる線が2本ある．

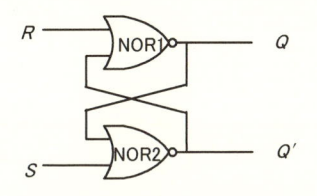

図 5.1　1ビット記憶回路

この回路の動作を，すこし詳しく見てみよう．
（1）　$S=0$, $R=0$ のとき
　　NOR 1 は Q' を反転して出力し，NOR 2 は Q を反転して出力することとなる．
（2）　$S=1$, $R=0$ のとき
　　NOR 1 の出力は Q' の値によらず1となり，NOR 2 の出力は Q の値によらず0となる．

（3） $S=0$, $R=1$ のとき

NOR 1 の出力は Q' の値によらず 0 となり，NOR 2 の出力は Q の値によらず 1 となる．

（4） $S=1$, $R=1$ のとき

NOR 1 の出力は Q' の値によらず 0 となり，NOR 2 の出力は Q の値によらず 0 となる．以後，入力によって値が不定となる．

上の性質から，

$(Q, Q') = (1, 0)$ にしたいときには，$(S, R) = (1, 0)$ を入力する（セット）

$(Q, Q') = (0, 1)$ にしたいときには，$(S, R) = (0, 1)$ を入力する（リセット）

(Q, Q') の値をこれまでのままで保持したいときには，$(S, R) = (0, 0)$ を入力する（記憶）

こととし，$(S, R) = (1, 1)$ の入力を禁止する．こうしておけば，図 5.1 の回路は，書込可能な 1 ビットの記憶回路として動作する．

また，このとき，$Q' = \overline{Q}$ となるので，図 5.1 は図 5.2 のように描かれる．これを，SR ラッチ（SR latch）とよぶ．これは，もっとも基本的なフリップフロップである．

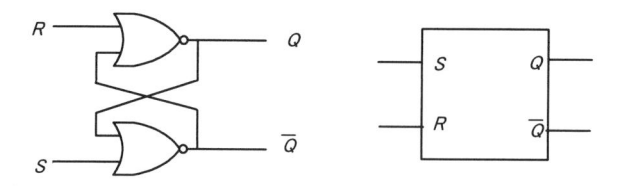

図 5.2 SR ラッチ（非同期式 SR フリップフロップ）

入力信号のうち，S はフリップフロップの状態を「1」にする，という意味で，セット（set）とよばれる．一方，R は状態を「0」にする，という意味で，リセット（reset）とよばれる．

図 5.2 の回路は，入力である S と R が変化すると，すぐに値が変化する．このような性質を指して「非同期式」とよぶ．そこで，この回路は，非同期式 SR フリップフロップ（asynchronous SR flip-flop）ともよばれる．

SR ラッチは，NAND 回路を使って，図 5.3 のように作ることもできる．

SR ラッチの動作は，表 5.1 のように表される．表 5.1(a) を，特性表（characteristic table）といい，入力に対する出力の値を表す．特性表は，入出力の

5.2 Dラッチ

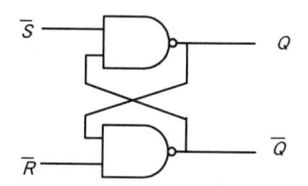

図 5.3 NAND回路を用いたSRラッチ

表 5.1 SRラッチの動作

(a) 特性表

S	R	Q_{next}
0	0	Q
0	1	0
1	0	1
1	1	禁止入力

(b) 励起表

Q	Q_{next}	S	R
0	0	0	×
0	1	1	0
1	0	0	1
1	1	×	0

×は，0でも1でもよい。

対応を示しているという意味で組合せ回路の真理値表と似ているが，出力に前の状態が反映される点が異なっている。表5.1(b)は，励起表(excitation table)とよばれ，求める状態変化に必要な入力を示すものである。当然のことながら，表5.1の(a)と(b)は等価なものである。

5.2 Dラッチ

Dラッチは，SRラッチの入力を一つにしたものである。図5.4にDラッチの回路を，表5.2にDラッチの特性表と励起表を示す。

Dラッチは，入力のデータをある時間遅らせて出力している。DラッチのDは，この「遅延(delay)」の意味である。

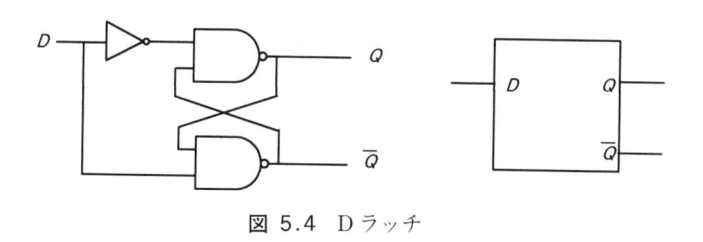

図 5.4 Dラッチ

表 5.2 Dラッチの動作

(a) 特性表

D	Q_{next}
0	0
1	1

(b) 励起表

Q	Q_{next}	D
0	0	0
0	1	1
1	0	0
1	1	1

5.3 ゲートつきラッチ

　ラッチは，入力をすぐに出力に反映させる回路であるが，実際の論理回路では，入力を有効にするかどうかを選択することが必要となる．この選択信号のことをゲート(gate)，あるいはイネーブル(enable)とよぶ．図 5.5 はゲートつき SR ラッチ，図 5.6 はゲートつき D ラッチである．それぞれ，ゲート G が 1 のときのみ，ラッチとしての動作を行い，他のときはそれまでの値を保持する．

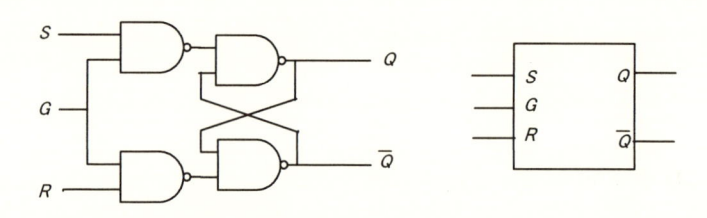

図 5.5　ゲートつき SR ラッチ

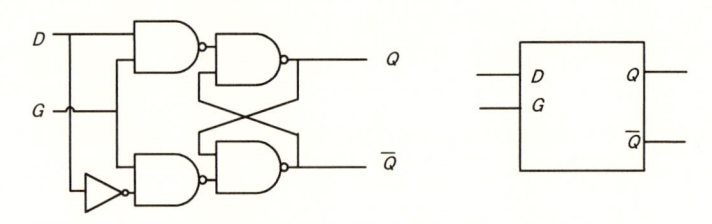

図 5.6　ゲートつき D ラッチ

5.4 フリップフロップ

ラッチは単純な回路で1ビットの値を保持することができるが，入力が即座に状態や出力に反映されてしまうので，過渡的な信号の変化を拾ってしまう問題が生じる。

図5.7の回路を考えよう。

図で，S入力は$X \oplus Y$であり，R入力は$X \cdot Y$である。いま，(X, Y)が$(1, 1) \to (0, 0)$に変化したとすると，ラッチの入力(S, R)は$(0, 1) \to (0, 0)$にな

（a）回路例

（b）期待される動作

← ハザードによる禁止入力の発生

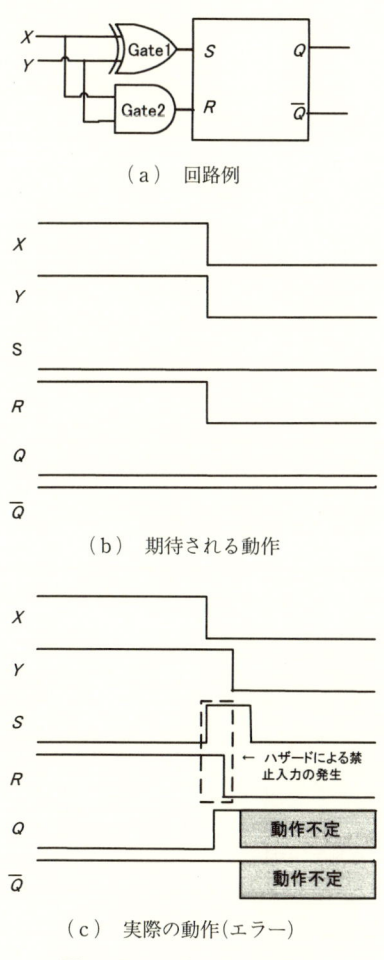

動作不定

動作不定

（c）実際の動作(エラー)

図 5.7 ハザードの問題

るため,出力は $(0,1)$ のまま変化しないはずである(図 5.7(b))。

いま,前段の回路の遅延によって Y の信号の変化が X の変化よりわずかに遅れたとし,さらに Gate 2 が Gate 1 より遅延が大きかったとする。すると,過渡的に (S, R) が $(1,1)$ となってしまう(図 5.7(c))。これを,ハザード (hazard) とよぶ。

SR ラッチでは,$S=1$,$R=1$ は禁止入力であるため,以後の動作は保証されないことになる。このように,ハザードによって,誤動作が起こってしまうことがある。

ハザードの影響をなくすためには,どのような手段があるだろうか。

ヒントは,5.3 節で述べたゲートつきラッチにある。すなわち,入力が過渡的状態にある間は,ゲートを閉じてそれまでの値を保持し,入力が安定したところでゲートを開いて値をとりこんでやればよい。

では,入力が過渡的状態にある間ゲートを閉ざすのは,どのようにしたらできるだろうか。これは,一般に,決まった周期の連続したパルスをゲートに入れてやることで実現される。すなわち,パルスが発生している時間には,ハザードが起こらないようにタイミングを調整してやればよい。

こうした連続したパルスの信号を,クロック (clock) とよぶ。図 5.8 は,図 5.7 のハザードの問題が,クロックによって解決され,期待通りの動作をするようになったことを示したものである。

ラッチのゲート端子にクロックを入力して,クロックパルスの間だけ状態を変えられるようにしたものを,フリップフロップ (flip-flop, FF),または同期式フリップフロップ (synchronous flip-flop) とよぶ。図 5.8(a) は,SR フリッ

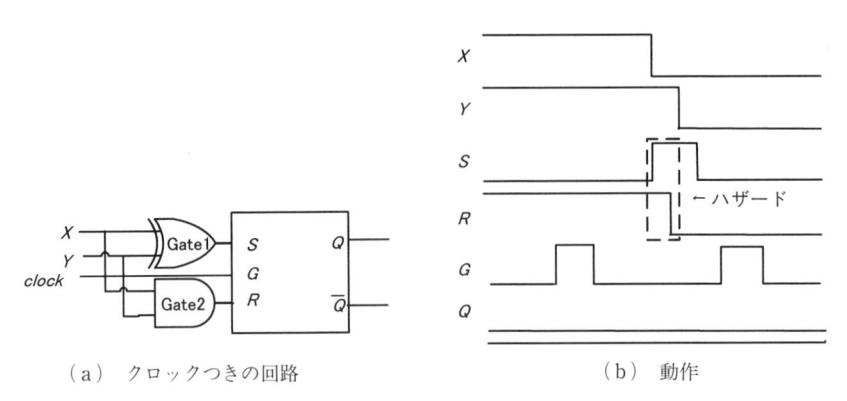

(a) クロックつきの回路　　　　　　　　(b) 動作

図 5.8　クロックの導入によるハザードの解決

5.5 マスタスレーブ型フリップフロップ

プフロップを用いた回路ということになる。また，このフリップフロップは，クロックに同期して動作する，という。同様に，ゲートつきDラッチ（図5.6）は，Dフリップフロップとして用いることができる。

この本では，ゲートつきラッチを同期式フリップフロップとして用いるとき，図5.9のように図示することにする。同図の(a)がSRフリップフロップ，(b)がDフリップフロップである。

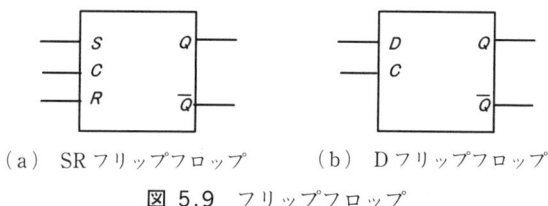

（a） SRフリップフロップ　　（b） Dフリップフロップ

図 5.9　フリップフロップ

5.5 マスタスレーブ型フリップフロップ

5.5.1 フリップフロップの問題点

2.1節で，一般の順序回路が，図5.10のように表されることを示した。図の「メモリ」(記憶回路)は，実はフリップフロップの集まりである。

図で，メモリとして，どのようなフリップフロップを使えばよいであろうか。ラッチ(非同期式フリップフロップ)を使った場合，ハザードの問題があることを前節で述べた。(同期式)フリップフロップを使えば，ハザードの問題は

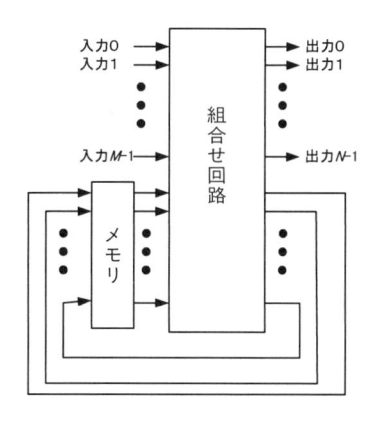

図 5.10　一般的な順序回路の構成

回避される。この場合，クロックがアクティブである時間(図 5.8(b)でクロックが1になっている間)だけが，メモリの値の変化する時間である。

では，フリップフロップをクロックに同期させて用いれば，図 5.10 の記憶回路が目的の動作をするだろうか．一見，それで良いように思えるが，実は答えはノーである．

前節で述べた同期式フリップフロップは，クロックの立ち上がりから立ち下がりまでの間，入力の値をとり込んで，状態にこれを反映させ，これに基づいて値を出力する．クロックの立ち上がりとともに，入力の値がとり込まれ，フリップフロップの状態が変えられ，フリップフロップの出力の値が変化する．出力値は組合せ回路を経由して，ふたたび記憶回路のフリップフロップの入力値を変える可能性がある．これに基づき，同一のクロックパルス内で，2度(さらに3度以上)状態変化・出力の変化(発振)を起こす可能性があり，動作が安定しない(図 5.11)．

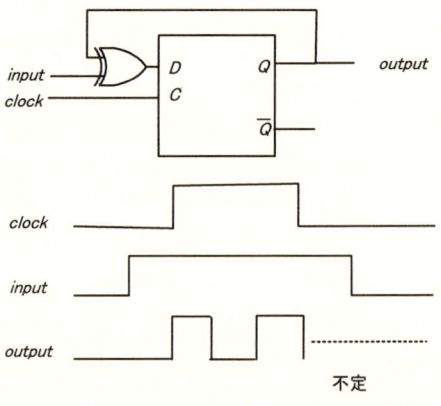

図 5.11 フリップフロップによる発振(例)

これは，フリップフロップの状態変化・出力の変化がともに，クロックパルスの幅で何度でも起こりえることに原因がある．本当は，1クロックパルスで一度だけ変化させるようにしたいのである．

5.5.2 マスタスレーブ型フリップフロップ

前節の問題を解決したのが，マスタスレーブ型フリップフロップ(master-slave flip-flop)である．図 5.12 にマスタスレーブ型 D フリップフロップの回路を示す．

5.5 マスタスレーブ型フリップフロップ

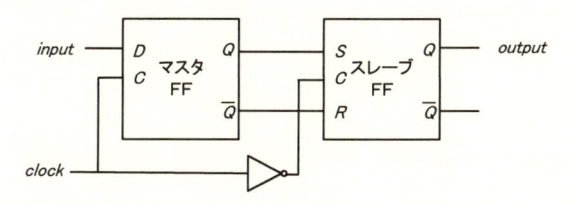

図 5.12 マスタスレーブ型 D フリップフロップ

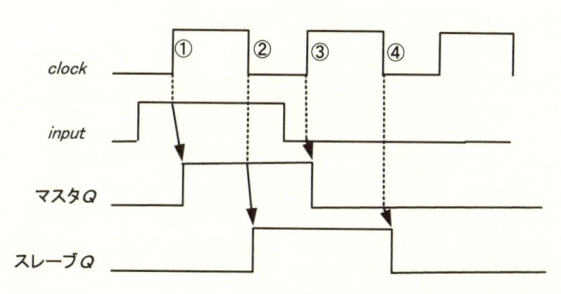

マスタスレーブ型 D フリップフロップは，二つの D フリップフロップを直列接続し，前段のフリップフロップ(マスタとよぶ)のゲート端子にクロックを入れ，後段のフリップフロップ(スレーブとよぶ)のゲート端子に「クロックの否定」(逆相のクロック)を入れたものである．

マスタスレーブ型 D フリップフロップの動作を詳細に見てみよう(図 5.13)．

図 5.13 マスタスレーブ型 D フリップフロップの動作

①③：クロックの立ち上がり

スレーブフリップフロップのゲートが閉じ，マスタフリップフロップの出力が入ってこなくなる．マスタのゲートが開き，入力がマスタにとり込まれる．

②④：クロックの立ち下がり

マスタのゲートが閉じ，外からの入力が入ってこなくなる．スレーブのゲートが開き，マスタの出力がとり込まれる．

マスタスレーブ型では，パルスが高レベルの間データをマスタにとり込むが，その間，スレーブは入力動作をしない．逆にパルスが低レベルの間データはマスタからスレーブに送られるが，マスタは入力動作をしない．このように，時間帯によって動作をわけることで，発振やレーシング(racing, タイミングによって出力が変わる現象)が防げる．

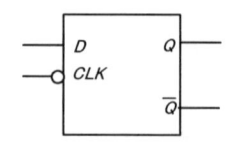

図 5.14 マスタスレーブ型 D フリップフロップの表記

この本では，マスタスレーブ型 D フリップフロップを，図 5.14 のように表現する（クロック入力を CLK と書くことで，以前の同期式と区別する）。図は，クロックの立ち下がりでスレーブの値が決まるものであり，クロック入力の丸印は，この「立ち下がり」を意味している。

なお，マスタスレーブ型フリップフロップでは，一般にデータ入力はクロックの立ち上がり前に確定し，立ち下がり時点まで継続することが要求されている。

5.6 JK フリップフロップ

SR フリップフロップでは，$(S, R) = (1, 1)$ は禁止入力であったが，この欠点を修正したものが JK フリップフロップである。JK フリップフロップの動作は，表 5.3 で定義される。

JK フリップフロップでは，入力を表す記号として，S と R のかわりに J と K が用いられる。$(J, K) = (1, 1)$ のとき，状態が反転し，$Q_{next} = \overline{Q}$ となる。この反転（トグル，toggle）が JK フリップフロップの特徴である。

JK フリップフロップでは，$(J, K) = (1, 1)$ が長時間続くと，状態の反転が続き，発振が起こってしまう。この理由から，JK ラッチや原始的な同期式 JK フリップフロップは使えないことになる。

JK フリップフロップが意味をもつのは，マスタスレーブ型のものである（図 5.15）。

表 5.3 JK フリップフロップの動作

(a) 特性表

J	K	Q_{next}
0	0	Q
0	1	0
1	0	1
1	1	$\overline{Q}$

(b) 励起表

Q	Q_{next}	J	K
0	0	0	×
0	1	1	×
1	0	×	1
1	1	×	0

×は，0 でも 1 でもよい。

5.7 Tフリップフロップ

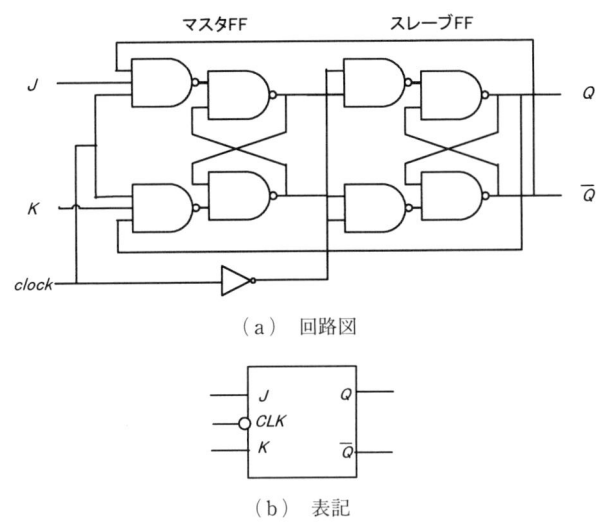

(a) 回路図

(b) 表記

図 5.15 マスタスレーブ型 JK フリップフロップ

マスタスレーブ型 JK フリップフロップでは，クロックのレベルの高いところで，マスタに値がとり込まれ，レベルの低いところでスレーブに値が移される。レベルの高いところではスレーブの入力はゲートされ，レベルの低いところではマスタの入力がゲートされるため，信号が回路を一周することがなく，発振が起こらなくなる。

5.7 T フリップフロップ

T フリップフロップの動作は，表 5.4 で定義される。

T フリップフロップは，JK フリップフロップの入力 J と K にともに T を入力したものとなる。JK フリップフロップ同様，発振などを防ぐために，マ

表 5.4 T フリップフロップの動作

(a) 特性表

T	Q_{next}
0	Q
1	$\overline{Q}$

(b) 励起表

Q	Q_{next}	T
0	0	0
0	1	1
1	0	1
1	1	0

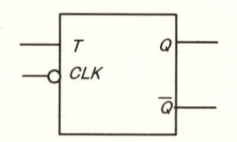

図 5.16 マスタスレーブ型 T フリップフロップ（表記のみ）

スタスレーブ型で用いられることが多い．図 5.16 にマスタスレーブ型 T フリップフロップの表記を示す．

5.8 エッジトリガ型フリップフロップ

前節までで述べたマスタスレーブ型フリップフロップは，発振やレーシングがなく，安定動作する点が優れている．しかし，クロックパルスの間データを保持しなければならず，回路の遅延は，クロックが低レベルの時間以内におさめなければならない，という問題点がある．

次に述べるエッジトリガ型フリップフロップは，クロックの立ち上げ（または立ち下げ）のエッジ（edge，端）でデータのとり込みと出力の変化を同時に行うものであり，遅延設計の点などでもっとも優れたフリップフロップである．

図 5.17 に，エッジトリガ型 D フリップフロップの代表的な構成例を示す．エッジトリガ型はこれ以外にもいくつかの構成があるが，本書では，図 5.17 のものの動作について詳しく述べることにする．

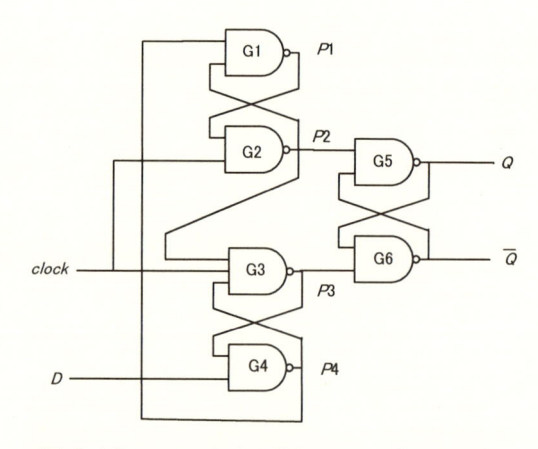

図 5.17 エッジトリガ型 D フリップフロップ

5.8 エッジトリガ型フリップフロップ

まず，$clock=0$ のときを考えよう。このとき，$P2$, $P3$ がそれぞれ 1 になり，G5，G6 の状態は保持される。つまり，このときは入力はとり込まれず，出力 Q は変化しない。

次に，クロックが 0 から 1 になるところを見てみよう。このとき，$D=d$ であったとする。クロックが立ち上がる直前には，$P2$, $P3$ はもともと 1 であるから，$P4=\bar{d}$, $P1=d$ となっている。ここで $clock=1$ となると，$P2=\bar{d}$, $P3=d$ となり，これらが G5，G6 に入力されて，$Q=d$, $\bar{Q}=\bar{d}$ となる。

この後で（$clock=1$ の間に）入力データが反転し，$D=\bar{d}$ となったとしよう。すると，$P4=1$, $P1=d$, $P2=\bar{d}$, $P3=d$ となり，G5，G6 に変化はなく，出力は $Q=d$, $\bar{Q}=\bar{d}$ のままである。すなわち，この回路は，立ち上がり以外では D の影響を受けない（D がロックアウトされる）ことが示された。

以上から，図 5.17 の回路は，クロックの立ち上がりだけで入力 D がとり込まれ，状態・出力が変えられるエッジトリガ型フリップフロップであることが示された。

これまでに説明したフリップフロップは，それぞれにエッジトリガ型のものが考えられる。図 5.18 にエッジトリガ型 JK フリップフロップを示す。動作は，各人で確かめよ。

また，エッジトリガ型 T フリップフロップは，図 5.18 の J と K にともに T を入力したものとなる。

エッジトリガ型フリップフロップは，図 5.19 のように表記する。クロック

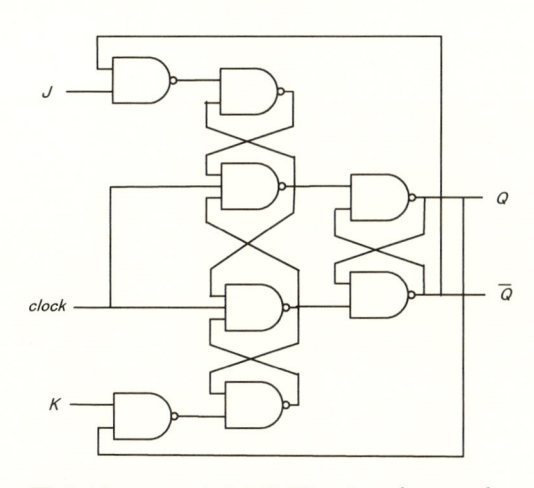

図 5.18 エッジトリガ型 JK フリップフロップ

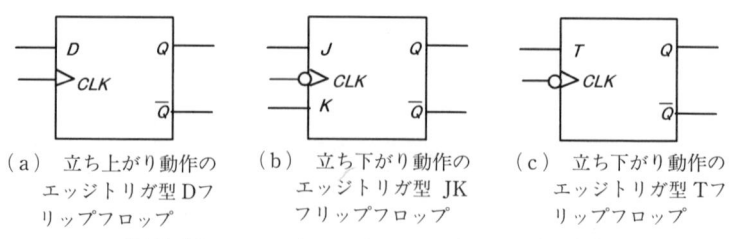

図 5.19 エッジトリガ型フリップフロップの表記

(a) 立ち上がり動作のエッジトリガ型Dフリップフロップ
(b) 立ち下がり動作のエッジトリガ型JKフリップフロップ
(c) 立ち下がり動作のエッジトリガ型Tフリップフロップ

入力の三角形がエッジトリガであることを示し，丸印がなければ立ち上がり動作であることを，丸印があれば立ち下がり動作であることを示す．

5.9 レジスタ

レジスタ (置数器，register) とは，フリップフロップを並列に並べた記憶装置である．N ビット並列のとき，N ビットレジスタという．典型的なレジスタは，エッジトリガ型Dフリップフロップ (またはマスタスレーブ型Dフリップフロップ) で構成される．

図 5.20 に 4 ビットレジスタを示す．

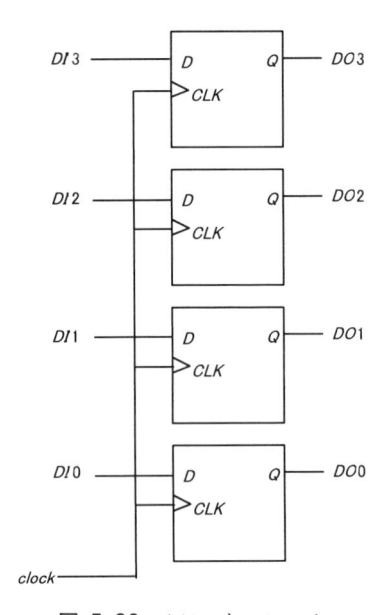

図 5.20 4 ビットレジスタ

5.10 フリップフロップの変換

レジスタは，図 5.20 のように入力を素通しするものもあるが，現実には，外部の制御信号によって書き込みの許可を行ったり，初期化のときなどにクロックと関係なく（非同期で）クリアしたりする。また，出力側にバスがある場合などは，出力を高インピーダンス状態にする付加回路が必要となる。これらを加えた回路を図 5.21 に示す。図で，$\overline{CLR}$ が 0 のとき，レジスタがクリアされる。$\overline{WE}$（Write Enable）が 0 のときにレジスタに書き込みが行われ，1 のときにはレジスタの値が保持される。また，$\overline{OE}$（Output Enable）が 0 のときに，データが外部に出力され，1 のときには出力は高インピーダンス状態になる。

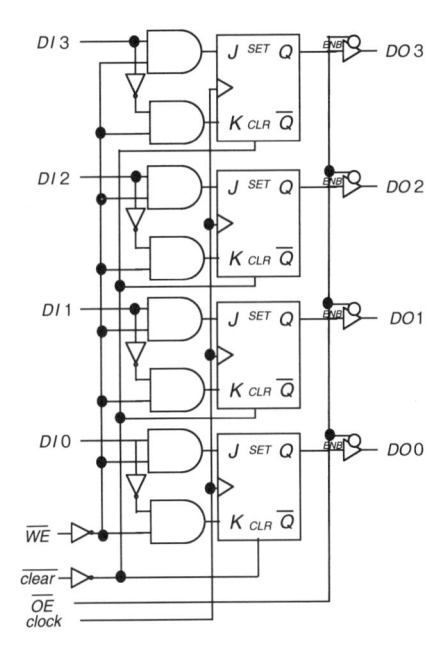

図 5.21 入出力制御のついたレジスタ

5.10 フリップフロップの変換

これまでに学んだラッチ，フリップフロップを，表 5.5 に整理しておく。

これらのうち，マスタスレーブ型 SR フリップフロップ，エッジトリガ型 SR フリップフロップについては陽に学んではいないが，他のフリップフロップから考えて，その構成・動作は明らかであろう。

表 5.5 ラッチとフリップフロップ

ラッチ	フリップフロップ	マスタスレーブ型 フリップフロップ	エッジトリガ型 フリップフロップ
SR D	SR D	SR D JK T	SR D JK T

　これらのフリップフロップは，お互いに少数のゲートを加えれば変換できる関係にある。たとえば，JK フリップフロップと T フリップフロップの関係については，すでに 5.7 節，5.8 節で述べた。

　図 5.22 にフリップフロップの間の関係を，いくつか示しておく。

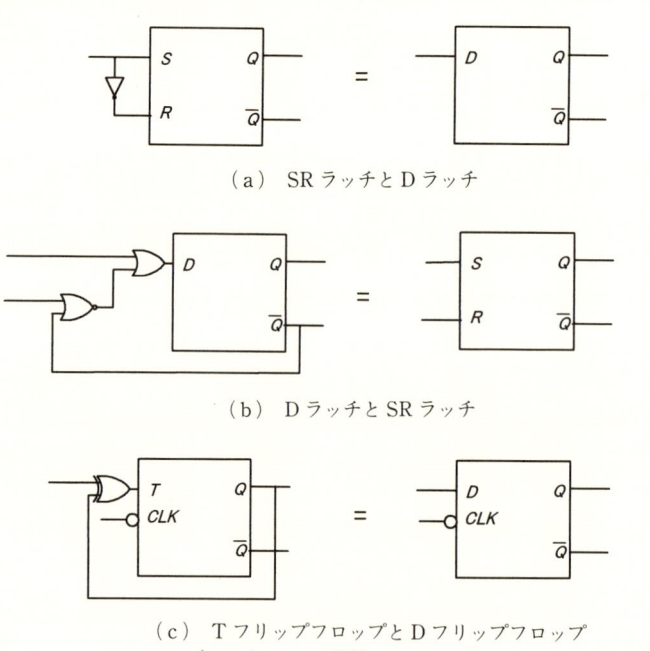

（a）SR ラッチと D ラッチ

（b）D ラッチと SR ラッチ

（c）T フリップフロップと D フリップフロップ
　　（マスタスレーブ型）

図 5.22 フリップフロップの変換

演習問題 5

5.1 図5.2の回路と，図5.3の回路の動作の違いを述べよ．
5.2 マスタスレーブ型Tフリップフロップの回路図を書き，動作を説明せよ．
5.3 エッジトリガ型Tフリップフロップの回路図を書き，動作を説明せよ．
5.4 マスタスレーブ型JKフリップフロップの動作を，下の入力に対して確定せよ．

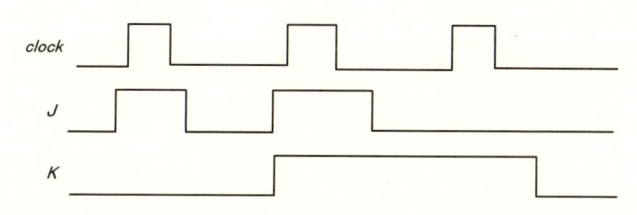

図 5.23 マスタスレーブ型JKフリップフロップのタイミング図

5.5 エッジトリガ型JKフリップフロップの動作を，下の入力に対して確定せよ．

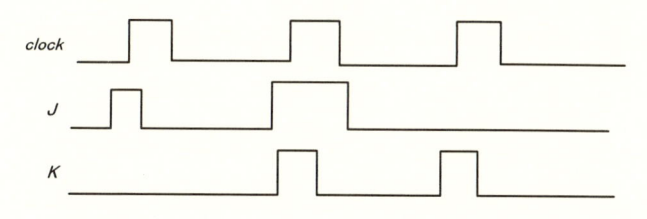

図 5.24 エッジトリガ型JKフリップフロップのタイミング図

5.6 次のフリップフロップの変換を，図を書いて行え．
　(1) SRフリップフロップを使ってJKフリップフロップを実現（マスタスレーブ型，以下同様）
　(2) Tフリップを使ってJKフリップフロップを実現
　(3) JKフリップフロップを使ってSRフリップフロップを実現
　(4) JKフリップフロップを使ってDフリップフロップを実現
　(5) Dフリップフロップを使ってJKフリップフロップを実現
　(6) Dフリップフロップを使ってTフリップフロップを実現

6.
基本的な順序回路

6.1 順序回路とは

順序回路(sequential circuit)とは，入力と回路自身の状態によって，一意に出力の決まる回路である．一般的に順序回路は，図6.1のように表現される．

図で，「メモリ」と書いたのが，状態を記憶する回路である．これはふつう，前章で学んだフリップフロップでできている．

順序回路でもっとも簡単なものは，1ビットのフリップフロップである．これを並列に並べたレジスタも，順序回路である．

本章では，順序回路のうち，カウンタなど代表的なものをいくつか示す．

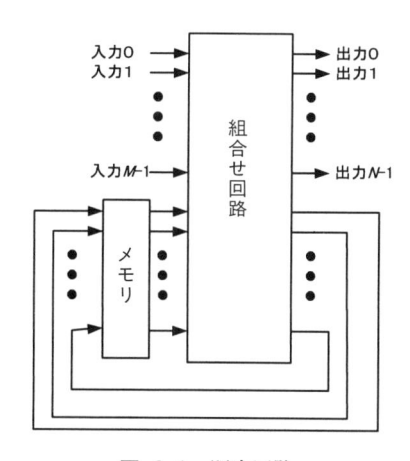

図 6.1 順序回路

6.2 非同期カウンタ

6.2.1 非同期カウンタの基本形

カウンタ(計数回路, counter)とは，数を数える回路である。具体的には，ある時点から入力されたパルスの数を出力する回路である。

カウンタでもっとも簡単なものは，非同期カウンタ(asynchronous counter)である。非同期カウンタの回路を図 6.2 に示す。

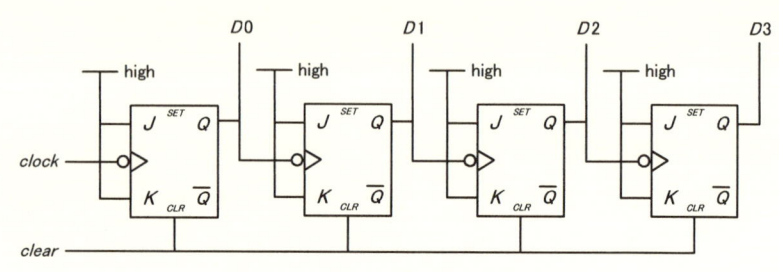

図 6.2 4ビット非同期カウンタ

非同期 N 進カウンタは，$\log_2 N$ 個の JK フリップフロップ(エッジトリガ型またはマスタスレーブ型)からなる。図ですべての J 入力，K 入力は高レベルに固定されているため，各 JK フリップフロップは，クロック端子にパルスがくるたびに状態が反転する。したがって，この回路の動作は，図 6.3 のようになる。

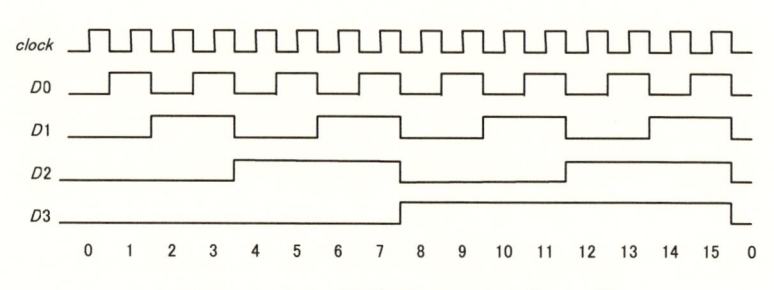

図 6.3 4ビット非同期カウンタのタイミング図

なお，このような図を，タイミング図(timing chart)という。

図 6.3 を詳しく見てみよう。まず，$D0$ は，クロック入力に対してその立ち下がりで値を反転する。したがって，周期がクロックの 2 倍の値となる(これ

6.2 非同期カウンタ   105

を2分周したという）。次に，D1は，D0をクロック入力とするJKフリップフロップの出力であるから，D0に対して周期が2倍となる。以下，同様に，D2はD1の2分周した信号，D3はD2の2分周した信号となる。各信号は，前段の信号の奇数番目の立ち下がりで立ち上がり，前段の信号の偶数番目の立ち下がりで立ち下がる。

こうして，図6.2の回路は，0から順番に15まで(nビットならば2^n-1まで)の数を昇順に順番に出力し，次に0を出力する状態に戻る。クロックが続くかぎり，これを無限に繰り返すことになる。

非同期カウンタでは，値の更新の信号が，下の桁から順番にさざなみのように上の桁に伝わる。このような伝播の形態から，リプルカンタ(ripple counter，リプルはさざなみの意味)ともよばれる。

最悪の場合，一回の状態遷移で信号伝播が最小の桁から最大の桁まで，n桁分起こることがある。この場合に遅延が大きくなってしまうのが，非同期カウンタの欠点である。

6.2.2 2べき以外のカウンタ

図6.2は，0から2^n-1までの数を数える回路であった。一般に任意の自然数Mについて非同期M進カウンタの作り方は次のようになる。

（1） $\log_2 M$以上の2べきの数の中で最小のものをnとする。2^nカウンタの回路を図6.2の方法で作る。

（2） (1)の回路の出力がMになったときに，全フリップフロップをクリアする回路をつける。

このやりかたで作った10進カウンタの回路を図6.4に示す。カウンタの値が1010になったときに全体をクリアするということだが，実際には$D3=1$，$D1=1$だけでクリアしてよい。

この回路では，第10クロック目に$D1$に短い時間，パルスが生じる(図の丸印)。このパルスは，この回路内では実効的な意味をもたないが，$D1$を使う回路では，タイミングによっては問題になる場合がある。これは，非同期式カウンタの欠点の一つである。

6.2.3 ダウンカウンタ，アップダウンカウンタ

図6.5は，図6.2の各JKフリップフロップのクロック入力を，立ち下がりではなく，立ち上がりでとるようにしたものである。これによって，降順に数

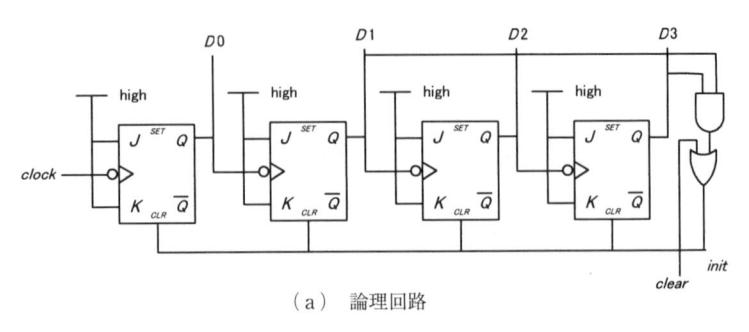

(a) 論理回路

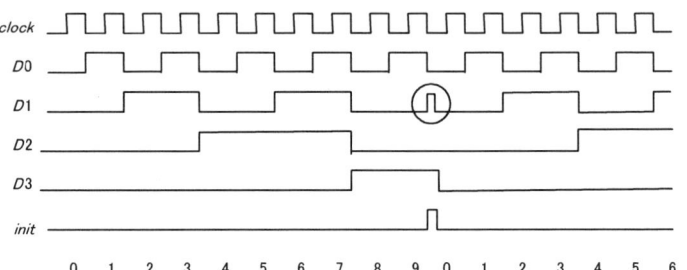

(b) タイミング図

図 6.4 非同期10進カウンタ

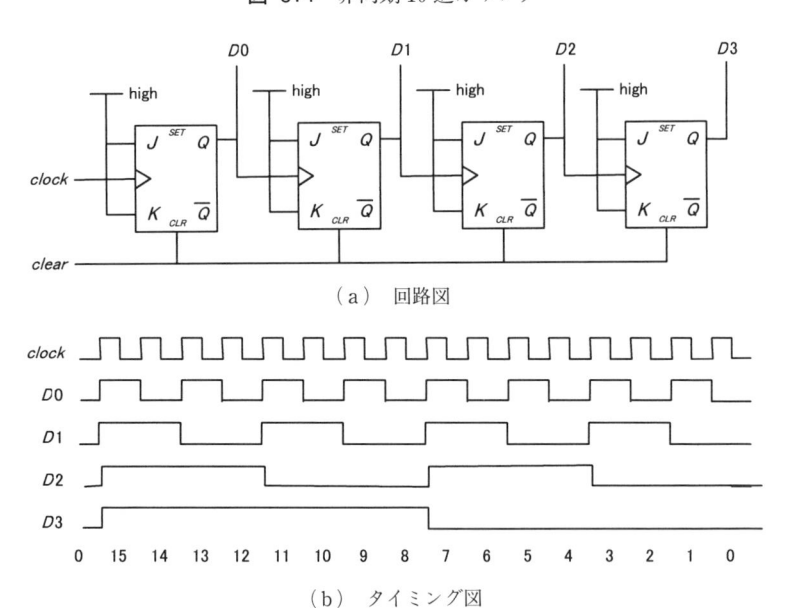

(a) 回路図

(b) タイミング図

図 6.5 非同期16進ダウンカウンタ

6.2 非同期カウンタ　　　　　　　　　　　　　　　　　　　　　　　　107

を数えるカウンタ，すなわちダウンカウンタ(down counter)が作られる。図6.2の回路は，これに対してアップカウンタ(up counter)とよばれる。

さらに，クロック端子を立ち上がりでとるか立ち下がりでとるかを外部信号によって選択するようにしたものが，アップダウンカウンタ(up down counter)である。図6.6に非同期16進アップダウンカウンタの回路図を記す。

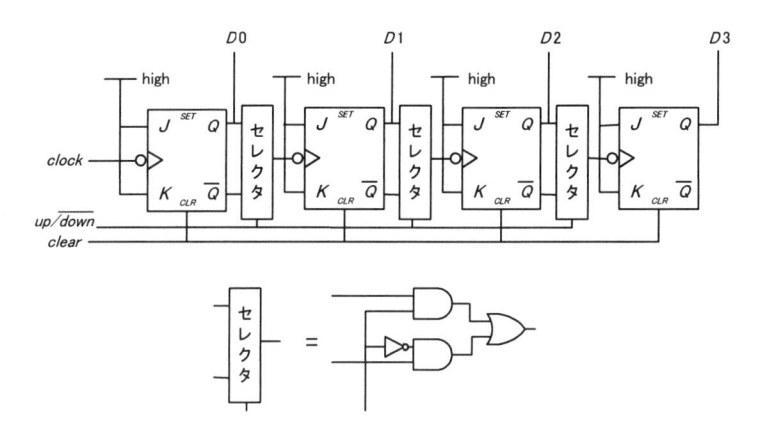

図 6.6　非同期16進アップダウンカウンタ

6.2.4　カウンタの応用

本項では例によって非同期カウンタ回路の応用について述べることにする。

例 6.1　4から10までを数えるカウンタ

4から10までを繰り返し数えるカウンタを2種類考える。

（1）プリセット，リセットを使った実現

10進カウンタを作ったときの方法を応用して，初期状態(クリアが入ったとき)に4になり，11になったところで初期状態に戻るような，非同期アップカウンタ(4ビット)を作ることにする。回路は，図6.7のようになる。

（2）7進カウンタと加算器を使った実現

4から10までをカウントする回路は，7進カウンタの出力に，4を加えれば実現される。後半部は，組合せ回路で学んだ4ビットの加算器を用いれば良い。この回路を図6.8に示す。

カウンタを作るのに二つのやりかたを示した。フリップフロップの数は(1)

(a) 論理回路

(b) タイミング図

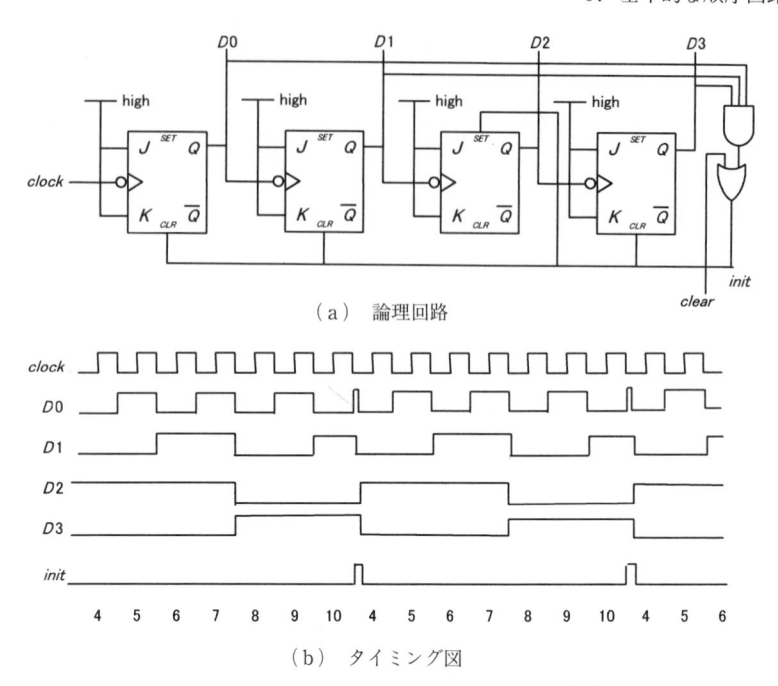

図 6.7 4から10までを数えるカウンタ(1)

が4個,(2)が3個であり,カウント信号の伝播の点では(2)が優れている。ただし,(2)は出力が必ず加算器を経由しなければならないため,出力までの遅延が大きくなる可能性がある。ハードウェア量の点でも,3ビット加算器はフ

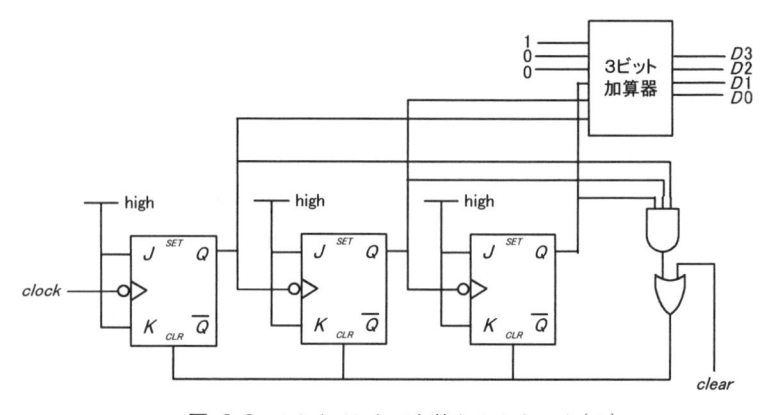

図 6.8 4から10までを数えるカウンタ(2)

6.3 同期カウンタ   109

リップフロップ 1 個より大きいため，(2) が不利である．

例 6.2　決められた時間だけ 1 を出力する回路
　初期状態からクロック 5 周期分だけ 1 を返し，それからは 0 を返し続ける回路を作りたい．これは，非同期アップカウンタが 5 を出力したところで，初段のクロックをゲートしてやればよい．図 6.9 がこの回路である．

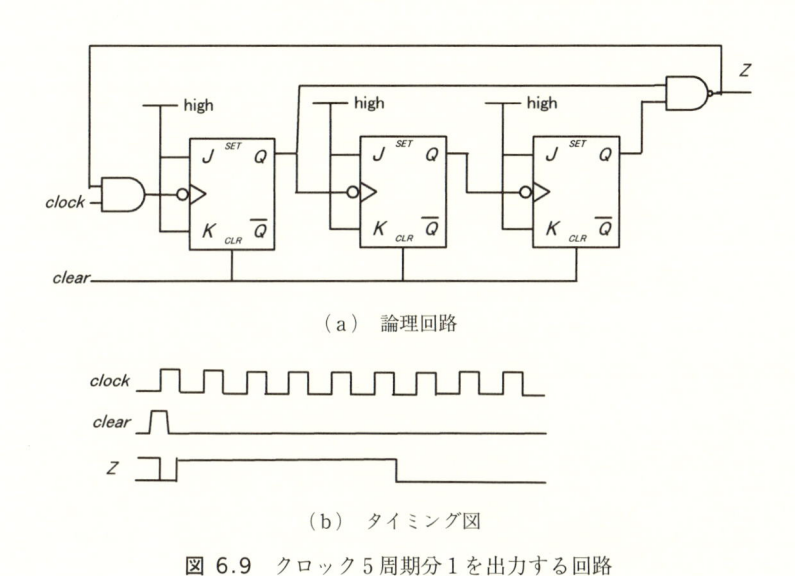

（a）論理回路

（b）タイミング図

図 6.9　クロック 5 周期分 1 を出力する回路

6.3 同期カウンタ

6.3.1 同期カウンタの基本形

　非同期 N 進カウンタは単純で便利な回路だが，桁数が多くなると上位の桁までの信号の伝搬に時間がかかる欠点があった．また，N が 2 のべき乗でないときに，短いパルスが出る問題もある．

　これに対して，同期カウンタ (synchronous counter) は，各桁の値の変化が同時に起こり，パルスの発生もない．同期 16 進カウンタの回路を図 6.10 に示す．

　非同期カウンタと違って，同期カウンタは全段のフリップフロップのクロック入力に，同一のクロックを入れる．図 6.10 ではこのクロックの立ち下がり

(a) 論理回路

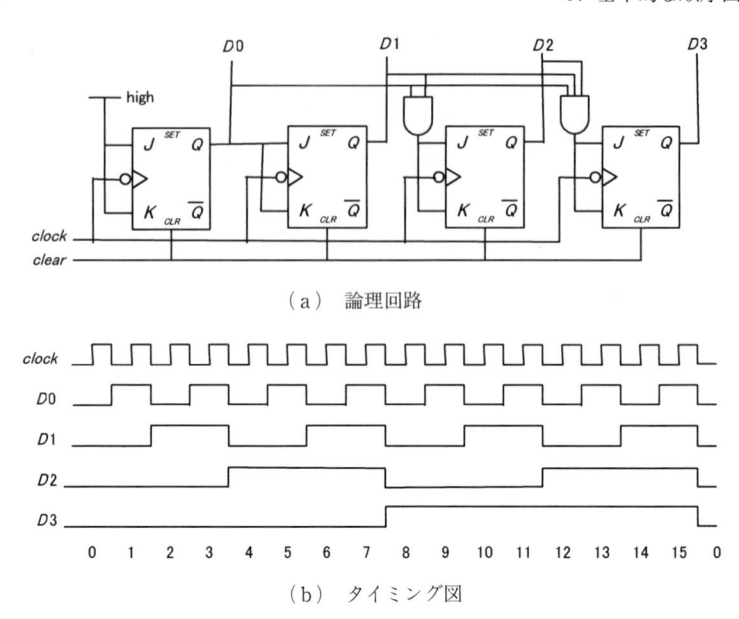

(b) タイミング図

図 6.10　同期 16 進カウンタ

で,すべてのフリップフロップが同時に動作する。

同期カウンタでは,下位の桁すべての出力の AND をとって,J と K に入力している。これは,「次のクロックのエッジで出力が変化するのは,下位の桁がすべて 1 になったとき」という,カウンタの原理に基づいている。

同期カウンタは,並列カウンタ(parallel counter)ともいう。非同期カウンタと同様のやりかたで,同期ダウンカウンタ,同期アップダウンカウンタ等を作ることができる。

6.3.2　2 べき以外のカウンタ

一般の数 M について,同期 M 進カウンタの作り方を考えてみよう。非同期カウンタが「M になったところで全体をクリアする」というやりかたでこれを実現していたのに対して,同期カウンタでは,「$M-1$ になった次のクロックエッジで全体をクリアする」というやりかたで実現する。全体をクロックに同期してクリアするためには,値が $M-1$ になったところで,すべてのフリップフロップに $J=0$,$K=1$ を入力してやればよい。

図 6.11 に同期 10 進カウンタの回路図と動作を示す。

6.3 同期カウンタ

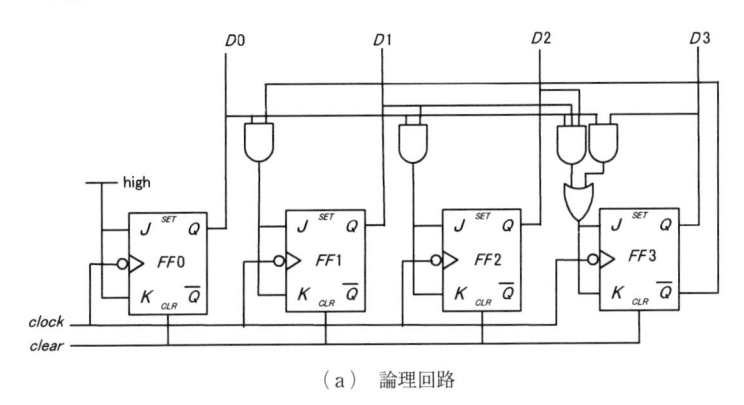

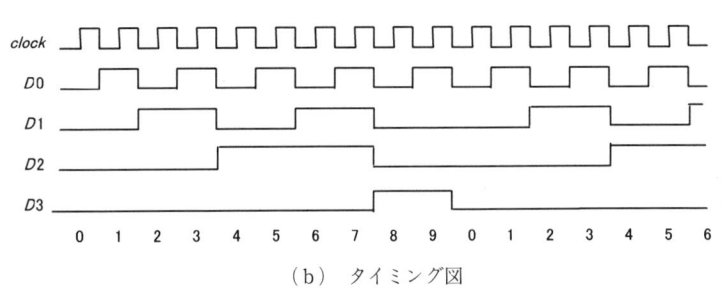

(a) 論理回路

(b) タイミング図

図 6.11 同期 10 進カウンタ

各フリップフロップの入力を，もう少し詳しく見てみよう。特に，1001 → 0000 のときの，各桁の変化に注目する。

(1) $FF0$，$FF2$ の入力は，通常の 16 進カウンタと同じでよい。これは，通常のカウンタ動作と，1001 → 0000 の動作が，$FF0$，$FF2$ では同じだからである。

(2) $FF1$ は，全体の値が 1001 のときには値を保持し，他のときには通常のカウンタ動作を行う。これは，「$FF4$ の値が 0 のときには通常のカウンタ動作を行い，そうでないときには値を保持する」という動作となる（タイミング図の 9 クロック目に注目せよ）。よって，$FF1$ の J と K は，$FF0$ の Q の値と $FF3$ の $\overline{Q}$ の値の AND をとったものとなる。

(3) $FF3$ は，全体の値が 1001 のときに値を反転させ，他のときには通常のカウンタ動作をする。よって，$FF0$，$FF1$，$FF2$ の Q がすべて 1 のときと，$FF0$，$FF3$ の Q が 1 のときに値を反転させる（J と K を 1 にする）ことが必要となる。

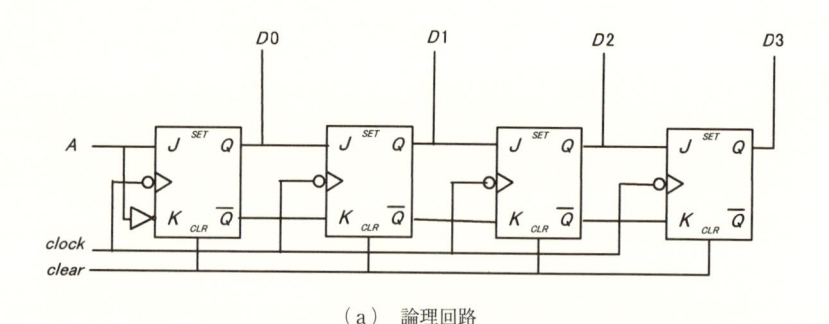

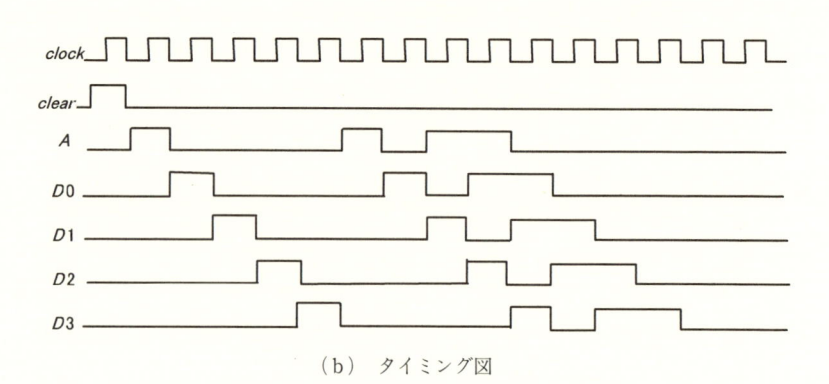

6.4 シフトレジスタ

6.4.1 シフトレジスタの基本形

シフトレジスタ(shift register)は，クロックに同期して情報を1ビットずつ隣のフリップフロップに移動していくレジスタである。その基本形を図6.12に示す。

シフトレジスタは，基本形のままでは単なる遅延回路である。図6.12のシフトレジスタは，1ビットの信号を4クロックだけ遅らせてそのまま出力する。同時に，1ビットずつ順番に入力された信号を，nビットの並列信号としてとり出すことにも使われる。図6.12では，1ビット×4クロック分の信号を，4ビット並列の信号としてとり出すことができる。これを，直列入力並列出力(Serial Input/Parallel Output, SIPO)といい，シフトレジスタの重要な機能の一つである。

(a) 論理回路

(b) タイミング図

図 6.12 シフトレジスタの基本形

6.4 シフトレジスタ   113

6.4.2 シフトレジスタと直列並列変換

SIPO が使われる典型的な例は，電話線など1ビットの信号線で送られてきたデータを，電子計算機で扱いやすい32ビットや64ビットの値に直すことである．図 6.13 に，二つの電子計算機の間で，1ビットの信号線を介したデータ転送を行っているところを示す．SIPO はデータ受信側の電子計算機で使われている．

データ送信側では，並列入力直列出力 (Parallel Input/Serial Output, PISO) のシフトレジスタが使われる．これは，図 6.14 に示される．図の信号 *select* が 0 のとき右シフトの動作，1 のとき並列入力が行われる．

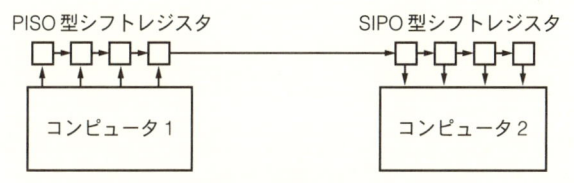

図 6.13 電子計算機間のビット直列通信

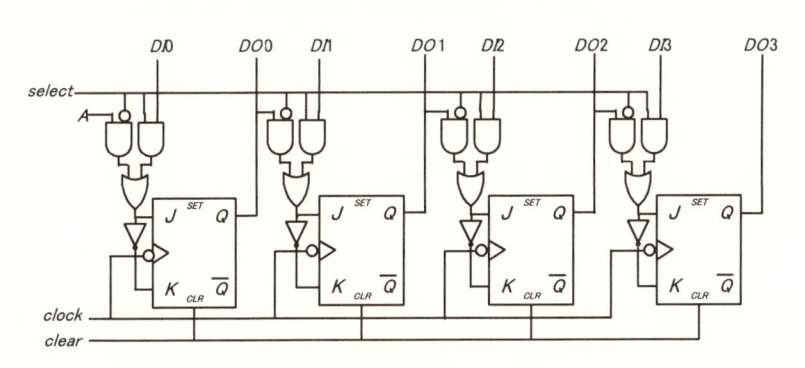

図 6.14 並列入力直列出力シフトレジスタ

6.4.3 シフトレジスタの一般形

これまで述べたように，シフトレジスタは，隣のフリップフロップに1ビットずつデータを送るシフトの動作と，直列並列変換の2種類がある．これらを全部まとめて一つの回路にし，さらに双方向のシフトを可能にしたものが，図 6.15 に示すシフトレジスタの一般形である．

図では4本の制御線があり，これらは同時に1になってはならない．*keep*

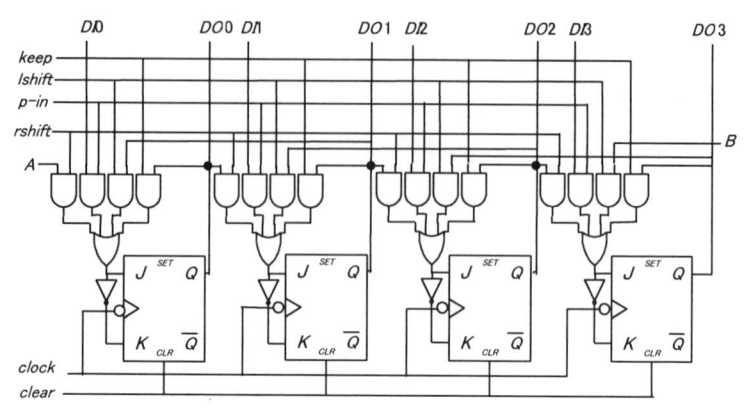

図 6.15 シフトレジスタの一般形

は通常のレジスタと同じく値の保持を，*lshift* は左シフトを，*p-in* は並列入力を，*rshift* は右シフトを指示する。

6.5 リングカウンタ

6.5.1 リングカウンタの基本形

シフトレジスタの直列出力を直列入力に戻してやることを考える。右シフトをするシフトレジスタの場合，最上位のビットがそのまま最下位ビットになり，総ビット数を周期とするローテーションが起こる。

リングカウンタ(ring counter)は，このようにして作られたものである。特に初期状態で一つのフリップフロップだけに1が立っているものを標準リングカウンタ(standard ring counter)とよぶ。リングカウンタは，普通は数を数えるのではなく，動作タイミングをはかったり，巡回的な状態遷移を起こしたりする場合に使われる。

図 6.16 に4段リングカウンタの回路図を示す。図では，初期化によって一番左のフリップフロップだけが1になったのち，右シフトによるローテーションが行われる。

6.5.2 自己補正型リングカウンタ

図 6.16 の回路は *init* 信号によって初期化してから動作させるが，初期化を行わなくても数クロック以上たてば自然に目的の動作を行うような回路を作る

6.5 リングカウンタ

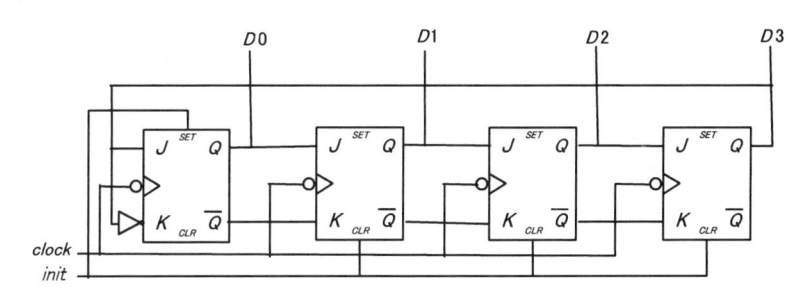

図 6.16 4段標準リングカウンタ

ことができる。これを，自己補正型リングカウンタ(self-starting ring counter)とよぶ。

図6.17に自己補正型リングカウンタの回路図と動作を示す。図では，初期状態として，(0101)が入っていたとしている。

この回路では，下3桁に1が一つ以上あるとき，最下位ビットを0にする。これを最大4回繰り返すことで，通常のリングカウンタの動作となる。

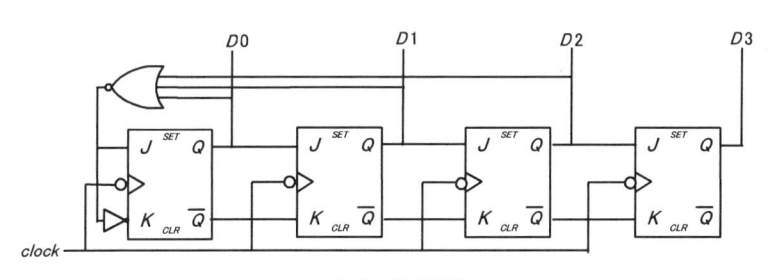

(a) 論理回路

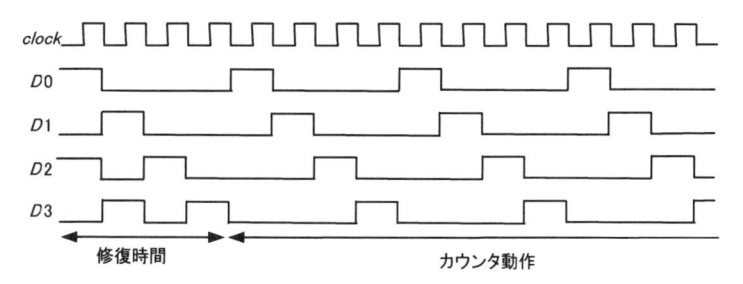

(b) タイミング図

図 6.17 自己補正型リングカウンタ

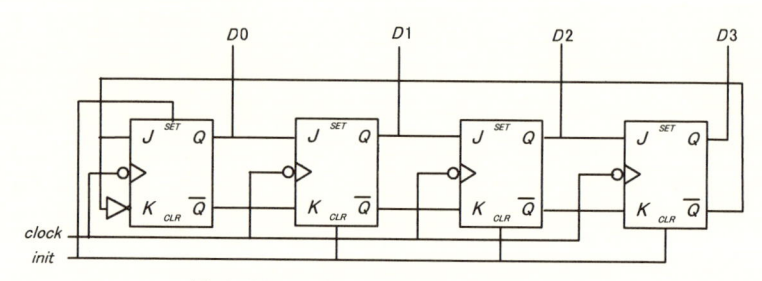

6.5.3 ツイステッドリングカウンタ

n ビット標準リングカウンタは，周期が n クロックサイクルであった。ここで，リングカウンタの最上位ビットの値を逆転させて最下位のフリップフロップに入力すれば，図 6.18 に示すように，周期が $2n$ のリングカウンタができる。これを，ツイステッドリングカウンタ (twisted ring counter) またはジョンソンカウンタ (Johnson counter) という。

ツイステッドリングカウンタの出力の遷移を，表 6.1 に示す。ツイステッドリングカウンタは，初期化後にこの動作をしたあと，クロック 0 の状態にもどって同じ動作を繰り返す。

図 6.18 ツイステッドリングカウンタ

表 6.1 ツイステッドリングカウンタの動作

クロック	$D3$	$D2$	$D1$	$D0$
0	0	0	0	0
1	0	0	0	1
2	0	0	1	1
3	0	1	1	1
4	1	1	1	1
5	1	1	1	0
6	1	1	0	0
7	1	0	0	0

演習問題 6

6.1 図 6.4 で，全体をクリアするための信号が，$D3 \cdot \overline{D2} \cdot D1 \cdot \overline{D0}$ ではなく，$D3 \cdot D1$ で良いことを説明せよ。

6.2 図 6.4 で，$D1$ に丸印のパルスがあり，$D2$ を生成するフリップフロップのクロックに立ち下がり入力があるにもかかわらず，$D2$ には信号の変化がない。こ

演習問題 6　　　　　　　　　　　　　　　　　　　　　　　　　　117

の理由を説明せよ。
6.3　非同期 10 進ダウンカウンタの回路を書け。
6.4　非同期式で，「7 から 3 までの数を降順で出力し，3 の次には 7 を出力する」ことを無限に繰り返す回路を書け。
6.5　同期 9 進アップカウンタの回路を書け。
6.6　同期 6 進アップダウンカウンタの回路を書け。
6.7　同期式で，初期化後 14 クロックの区間だけ 1 を出力し，以後は 0 を出力しつづける回路を書け。
6.8　図 6.15 の汎用シフトレジスタの動作を，(1) 並列入力並列出力，(2) 直列入力右シフト，(3) 並列入力左シフトのそれぞれについて，タイミング図を書け。制御信号の値も記すこと。

7.
一般的な順序回路

7.1 順序回路の解析と設計

すでに述べた通り，順序回路とは，状態をもち入力と状態に応じて出力と次の状態が決まる，という回路であった。状態は，一般にフリップフロップ群に蓄えられた数で表現される。

本章では，順序回路が与えられたときにその動作を解析するやりかた（解析法）と，動作が与えられたときに順序回路を設計するやりかた（設計法）について学ぶ。なお本章では，順序回路はすべて，単一のクロックによって制御される同期式のものを考える。

7.2 動作のモデル

順序回路の動作を表現するには，抽象的なモデルが必要になる。一般にこれは，状態遷移図（state transition diagram）とよばれる図によって表される。ここでは，状態遷移図の一種であるミーリーグラフ（Mealy graph）を扱う。

ミーリーグラフは，丸印と矢印によって作られるネットワークとして表される（図7.1）。丸印は状態を，矢印は状態の遷移を表す。たとえば，状態Aから状態Bに矢印が出ていて，ここに$(I_m, \cdots, I_1, I_0)/(O_n, \cdots, O_1, O_0)$が書き込まれているとき，状態$A$にあった順序回路が，与えられた入力群$(I_m, \cdots, I_1, I_0)$に対して，出力群$(O_n, \cdots, O_1, O_0)$を出して状態$B$に遷移することを表す。

図7.1(a)では，この機械が状態Aにあるとき，入力0がくれば1を出力して状態Bに移り，入力1がくれば0を出力して状態Cに移ることを表している。図7.1(b)は，二つの入力と二つの出力をもつ機械の動作を表現したもの

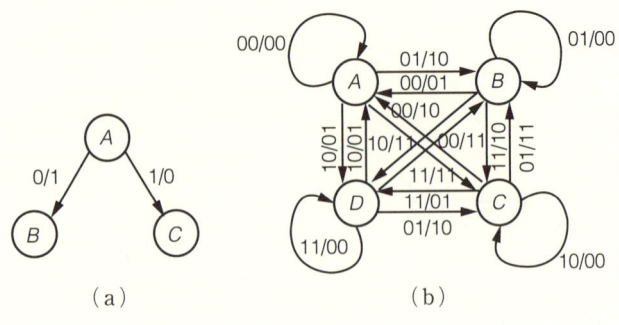

図 7.1 ミーリーグラフ

である。

　一般にあらゆる順序回路の動作はミーリーグラフで表現でき，また，ミーリーグラフで表された動作は，必ず順序回路で実現できる。

　順序回路とミーリーグラフの関係を図 7.2 に示す。与えられた順序回路からミーリーグラフを導き，その意味を知ることが順序回路の「解析」であり，与えられた問題をミーリーグラフとして定式化し，そこから回路を組み立てることが，順序回路の「設計」である。本章の以下の各節では，解析と設計の両方を，実例とともに学んでいく。

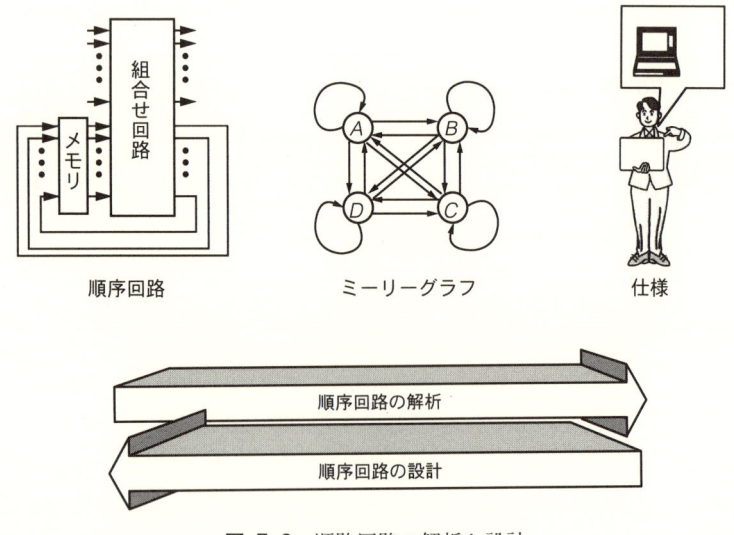

図 7.2　順路回路の解析と設計

7.3 順序回路の解析法

7.3.1 順序回路の解析

順序回路の解析とは，すなわち，与えられた順序回路から状態遷移図(この本ではミーリーグラフ)を導き，その意味を知ることである。

解析の手順を以下に示す。

(1) 与えられた順序回路の中で，状態を表すフリップフロップに注目する。これが n 個あれば，状態の数は最大で 2^n である。全部のフリップフロップが一つのレジスタをなしていると考え(これを状態レジスタとよぶ)，中身の値を S とする。

(2) 入力と状態 S に対して，出力と次の状態がどうなるかを調べて表にする。これを状態遷移表(state transition table)とよぶ。

(3) 状態遷移表から，ミーリーグラフを作る。これは各状態をノード(丸印)として表現し直し，状態遷移をノード間の→として表現し直せばよい。

(4) (3)からこの順序回路の意味を検討・理解する。

ミーリーグラフを作るだけなら，(2)の状態遷移表を作る必要はないかもしれない。しかし，現実には表を作っておかないと，(3)の作業は煩瑣で面倒な，間違いやすいものになるだろう。

(4)の作業は，機械的にはいかない場合が多い。(3)のグラフを，日常語で置き換えただけのものなら，作るのは簡単であるが，最終的には，「南北の交通を優先する信号機の制御装置」「清涼飲料水の自動販売機の制御回路」など，一段抽象的な理解が必要になり，その作業は人間が行うことになる。

7.3.2 例題

7.3.1の手順を，例題によって見ていこう。

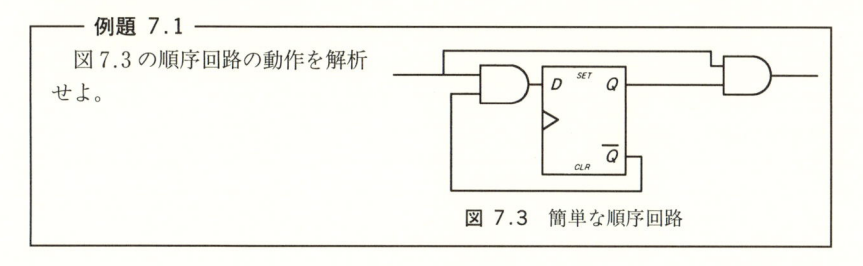

例題 7.1

図7.3の順序回路の動作を解析せよ。

図 7.3 簡単な順序回路

[解答] 図7.3の順序回路で，Dフリップフロップの値を状態 S と定義する。すなわち，$Q=0$ のとき $S=0$，$Q=1$ のとき $S=1$ とする。このとき，図7.4の(入力，状態)に対して，(出力，次状態)の関係は次のようになる。

$$_{next}S = \bar{S} \cdot I$$
$$O = S \cdot I$$

したがって，状態遷移表は表7.1で与えられる。

表 7.1 状態遷移表

S	I	$_{next}S$	O
0	0	0	0
0	1	1	0
1	0	0	0
1	1	0	1

表7.1を言葉で丁寧にいえば，次のようになる。
（1） 状態が0で入力が0ならば，次状態が0で出力が0
（2） 状態が0で入力が1ならば，次状態が1で出力が0
（3） 状態が1で入力が0ならば，次状態が0で出力が0
（4） 状態が1で入力が1ならば，次状態が0で出力が1
言葉にすればわかりやすいかといえば，そうでもないだろう。

これをもとにミーリーグラフを書き，図7.4を得る。

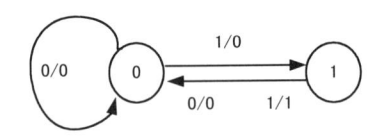

図 7.4 状態遷移図

この順序回路は，「入力が2クロック以上連続して1になったとき，1がはじめてから偶数回目のクロックで1を出力する回路」と考えることができる。

7.3 順序回路の解析法

例題 7.2

図7.5の順序回路の動作を解析せよ。

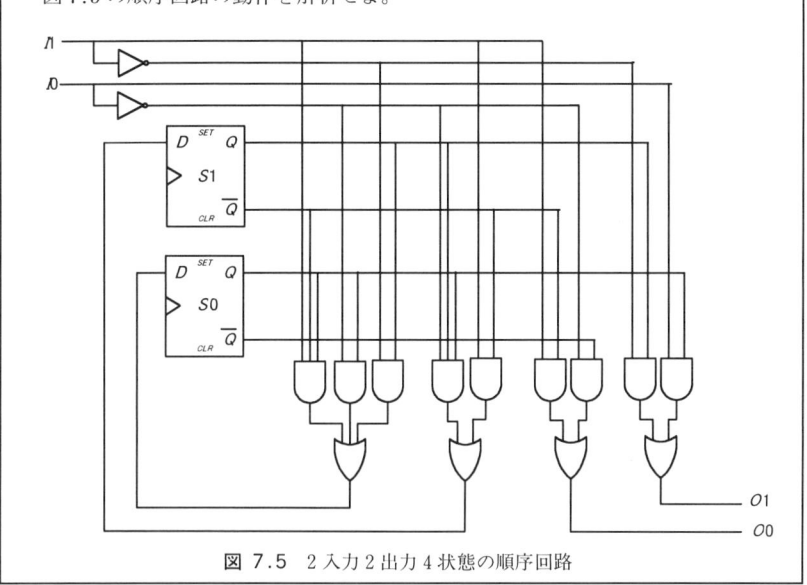

図 7.5 2入力2出力4状態の順序回路

[**解答**] 図7.5の(入力, 状態)に対して, (出力, 次状態)の関係は, 次のようになる。

$$_{\text{next}}S1=\overline{S1}\cdot S0\cdot I1+S0\cdot \overline{I0}+S1\cdot \overline{I1}, \qquad _{\text{next}}S0=S1\cdot S0\cdot \overline{I0}+\overline{S1}\cdot I1$$
$$O1=S1\cdot \overline{I1}+S0\cdot I0, \qquad O0=\overline{S1}\cdot I1+\overline{S0}\cdot \overline{I0}$$

これにより, 状態遷移表を書くことができる(表7.2)。

表 7.2 状態遷移表

$S1$	$S0$	$I1$	$I0$	$_{\text{next}}S1$	$_{\text{next}}S0$	$O1$	$O0$
0	0	0	0	0	0	0	1
0	0	0	1	0	0	0	0
0	0	1	0	0	1	0	1
0	0	1	1	0	1	0	1
0	1	0	0	1	0	0	0
0	1	0	1	0	0	1	0
0	1	1	0	1	1	0	1
0	1	1	1	1	1	1	1
1	0	0	0	1	0	1	1
1	0	0	1	1	0	1	0
1	0	1	0	0	0	0	1
1	0	1	1	0	0	0	0
1	1	0	0	1	1	1	0
1	1	0	1	1	0	1	0
1	1	1	0	1	1	0	0
1	1	1	1	0	0	1	0

表7.2からミーリーグラフを書き，図7.6を得る。

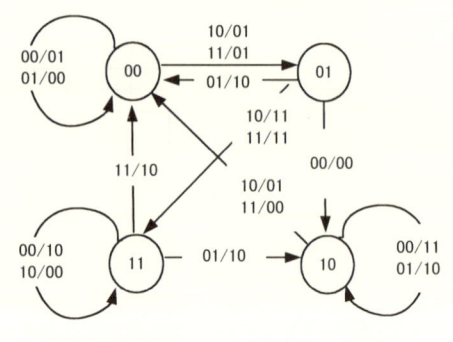

図 7.6 ミーリーグラフ

この順序回路の動作は，言葉で表現しても，状態遷移表やミーリーグラフ以上の説明をするのは難しいだろう。

7.4 順序回路の設計法

7.4.1 順序回路の設計

順序回路の設計とは，動作仕様から回路を設計することである。
設計の手順を以下に示す。
（1） 与えられた仕様から，回路動作を考える。まず，入力信号，出力信号を明らかにし，次に状態を定義して，ミーリーグラフを書く。
（2） (1)のミーリーグラフの状態数を最少化する。
（3） ミーリーグラフの各状態に2進数の符号を割り振り，状態遷移表を書く。
（4） 状態遷移表から，次の状態と出力を作る組合せ回路を設計する。これには，3章で用いた手法(カルノー図など)を用いる。

以下ではまずこの手順を簡単な例題によって示し，それから各ステップについて詳細に見ていくことにする。最後のほうで，より複雑な例題をいくつか示し，その解法を示すことにする。

7.4 順序回路の設計法   125

7.4.2 例題(1)——もっとも簡単な信号機——

──── 例題 7.3 ────

次のような信号機(図7.7)の制御信号を生成する同期式順序回路を作ろう。
(1) 信号機は，東西方向の道と南北方向の道が交わる十字路に置かれている。
(2) どちらの方向の信号機も，緑と赤のどちらかの色のライトが点灯する。これらは同時に点灯することはなく，また，「どちらも点灯しない」状態はない。
(3) 信号機の点灯と，自動車の交差点への到着は，ともにクロックに同期して行われる。自動車は交差点に到着した直後の信号機の色が緑だったときには交差点を通り抜け，赤だったときには交差点の直前で停止する。
(4) 南北方向の信号機が緑(赤)のときは，必ず東西方向の信号機は赤(緑)である。同様に，東西方向の信号機が緑(赤)のときは，必ず南北方向の信号機は赤(緑)である。両方が同時に緑になったり，同時に赤になったりすることはない。
(5) 交差点に向かって車が来たときには，次のクロックで来た方向の信号機が緑になり，そうでない方向の信号機が赤になる。東西方向と南北方向の両方から同時に車が来たときには，いま赤の信号機が次のクロックで緑になり，いま緑の信号機が次のクロックで赤になる。
(6) 交差点に向かって車が一台も来ない場合は，すべての信号機は以前と同じ状態を続ける。

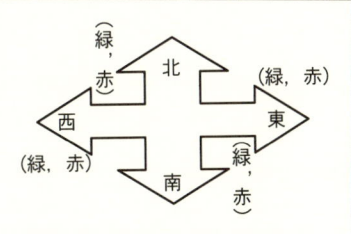

図 7.7 もっとも簡単な信号機

[解答] 上の記述から，7.4.1項の手順で回路を作っていこう。
(1) 入出力と状態
 (i) 入力
 この回路の入力は，車が来ているかどうか，という情報である。車は，東西方向，南北方向のそれぞれで独立してやって来ると考えられるから，前者の入力を E(東西に車が来ているときに1，来ていないときに0)，後者の入力を N(南北に車が来ているときに1，来ていないときに0)として，EN の2ビットで表す。
 (ii) 出力
 東西の信号の色を緑にするときに1，赤にするときに0とする。この出力を O とする。このとき，南北の信号は，$\overline{O}$ となる。
 (iii) 状態
 「東西が緑である」状態を A，「東西が赤である」状態を B とする。南北の信号の色は，東西と逆であるから，状態は A と B だけでよい。
 (iv) ミーリーグラフ
 図7.8のようになるであろう。

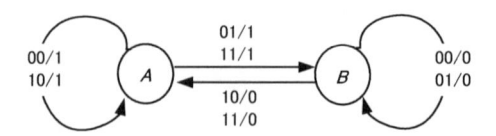

図7.8 信号機の制御回路のミーリーグラフ

(2) 状態数の最少化

この例題では，これ以上状態数は少なくならないので，ここでは何もしない。

(3) 状態遷移表の作成

まず，状態 A と状態 B を，それぞれ1，0とし，状態の名前を S とする。すると，状態遷移表は，図7.8から次のように求められる(表7.3)。

表 7.3 状態遷移表

S	E	N	$_{next}S$	O
0	0	0	0	0
0	0	1	0	0
0	1	0	1	0
0	1	1	1	0
1	0	0	1	1
1	0	1	0	1
1	1	0	1	1
1	1	1	0	1

(4) 順序回路の作成

表7.3から次状態と出力の式を求める。

$$_{next}S = \bar{S}\cdot E + S\cdot \bar{N}$$
$$O = S$$

この論理式は，これ以上簡単にはならない。したがって，例題7.3の回路は，図7.9のようになる。

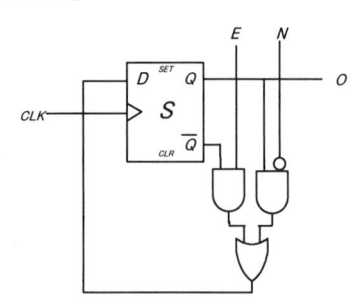

図 7.9 信号機を制御する順序回路

7.4 順序回路の設計法

図7.9はもっとも簡単な順序回路の一つであろう。ここで，Dフリップフロップを使ったのは，「次の状態を1にするような現状態と入力の組合せを表7.3から求め，これを状態レジスタの入力とする」ことによる。

7.4.3 JKフリップフロップを用いた順序回路

状態を表すフリップフロップは，必ずしもDフリップフロップでなくてもよい。次にJKフリップフロップを使った順序回路の作り方について触れよう。

復習になるが，JKフリップフロップの場合，入力と状態遷移(Qの値の変化)は，表7.4のようになる。

表 7.4 JKフリップフロップの状態遷移

J	K	Q	$_{\text{next}}Q$
0	*	0	0
1	*	0	1
*	0	1	1
*	1	1	0

*は0でも1でもよいことを表す。

すなわち，JKフリップフロップは，

$$_{\text{next}}Q = J \cdot \overline{Q} + \overline{K} \cdot Q$$

という特性をもっていた。この特性から，JKフリップフロップを用いた順序回路の作り方がわかる。すなわち，Jには「いまの状態が0のときの次の状態の値」を入れてやればよく，Kには「いまの状態が1のときの次の状態の値を反転させたもの」を入れてやればよい。

例題7.3では，表7.3より，EをJに，NをKに入れてやればよいことになる。したがって，JKフリップフロップを使う場合，

$$J = E$$
$$K = N$$

を得る。JKフリップフロップを用いた信号機の制御回路を図7.10に示す。

Dフリップフロップを用いたときとくらべて，JKフリップフロップを用いた場合，フリップフロップへの入力の数(次状態を作る組合せ回路の出力の数)が2倍になるが，回路が簡単化される場合も多い。

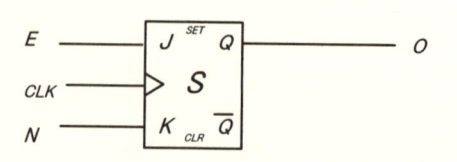

図 7.10　JK フリップフロップを用いた信号機の制御回路

7.4.4　例題(2)――黄色のある信号機――

―― 例題 7.4 ――

次のような信号機(図 7.11)の制御信号を生成する同期式順序回路を作れ。
(1)　信号機は，東西方向の道と南北方向の道が交わる十字路に置かれている。
(2)　どちらの方向の信号機も，緑，黄，赤のどれかの色のライトが点灯する。これらは同時に点灯することはなく，また「どれも点灯しない」状態はない。
(3)　信号機の点灯と，自動車の交差点への到着は，ともにクロックに同期して行われる。自動車は交差点に到着した直後の信号機の色が緑だったときには交差点を通り抜け，黄色と赤だったときには交差点の直前で停止する。
(4)　信号機の色の組合せは表 7.5 で与えられ，これ以外の組合せはない。
(5)　信号機の動作は表 7.6 の通りである。

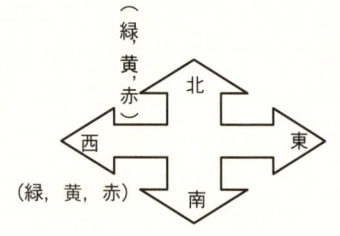

図 7.11　黄色つき信号機

表 7.5　信号機の色の組合せ

東西	南北
緑	赤
黄	赤
赤	緑
赤	黄

表 7.6　信号機の動作

東西信号	南北信号	東西車	南北車	次の東西信号	次の南北信号
緑	赤	なし	なし	緑	赤
緑	赤	なし	あり	黄	赤
緑	赤	あり	なし	緑	赤
緑	赤	あり	あり	黄	赤
黄	赤	*	*	赤	緑
赤	緑	なし	なし	赤	緑
赤	緑	なし	あり	赤	緑
赤	緑	あり	なし	赤	黄
赤	緑	あり	あり	赤	黄
赤	黄	*	*	緑	赤

ただし，*はワイルドカード(何であってもよい)とする。

7.4 順序回路の設計法

[解答] 上の記述から，7.4.1 節の手順で回路を作っていこう。
（1） 入出力と状態
　（ⅰ）　入力
　この回路の入力は，車が来ているかどうか，という情報であり，これは，7.4.2 項と同じである。入力 E を，東西に車が来ているときに 1，来ていないときに 0 とし，入力 N を南北に車が来ているときに 1，来ていないときに 0 として，2 ビットで表す。
　（ⅱ）　出力
　東西の信号の制御信号は，この信号の色を緑にするときに 10，黄にするときに 01，赤にするときに 00 とする。この出力を $E1E0$ とする。南北の信号の制御信号も，この色を緑にするときに 10，黄にするときに 01，赤にするときに 00 とする。この出力を $N1N0$ とする。
　（ⅲ）　状態
　「東西が緑である」状態を A，「東西が黄である」状態を B，「南北が緑である」状態を C，「南北が黄である」状態を D とする。表 7.5 より，これ以外の状態は考えなくてよい。
　（ⅳ）　ミーリーグラフ
　図 7.12 のようになる。

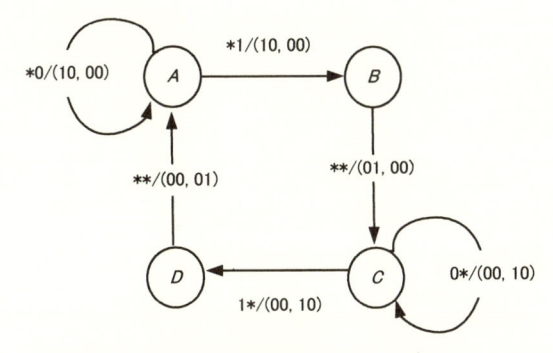

図 7.12　黄色つき制御回路のミーリーグラフ

ただし，*はワイルドカード（何であってもいい）とする。
（2） 状態数の最少化
　この例題では，これ以上状態数は少なくならないので，ここでは何もしない。
（3） 状態遷移表の作成
　まず，状態 A, B, C, D を，それぞれ 00, 01, 11, 10 とし，状態を表す変数を $S1$, $S0$ とする。すると，状態遷移表は，図 7.12 から表 7.7 のように $S1$ と $S0$ が求められる。
（4） 順序回路の作成
　表 7.3 から次状態と出力の式を求める。

表 7.7 状態遷移表

S1	S0	E	N	nextS1	nextS0	E1	E0	N1	N0
0	0	*	0	0	0	1	0	0	0
0	0	*	1	0	1	1	0	0	0
0	1	*	*	1	1	0	1	0	0
1	0	*	*	0	0	0	0	0	1
1	1	0	*	1	1	0	0	1	0
1	1	1	*	1	0	0	0	1	0

$$_{\text{next}}S1 = S0$$
$$_{\text{next}}S0 = \overline{S1} \cdot N + S0 \cdot \overline{E} + \overline{S1} \cdot S0$$
$$E1 = \overline{S1} \cdot \overline{S0}$$
$$E0 = \overline{S1} \cdot S0$$
$$N1 = S1 \cdot S0$$
$$N0 = S1 \cdot \overline{S0}$$

この論理式は，これ以上簡単にはならない。したがって，例題7.3の回路は，図7.13のようになる。

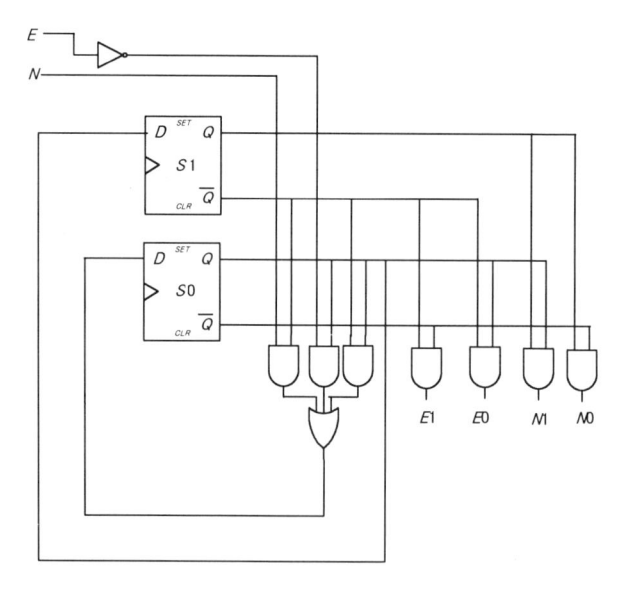

図 7.13 黄色つき信号機を制御する順序回路

図7.13の回路は，状態レジスタにDフリップフロップを使ったが，JKフリップフロップを使うと，どうなるだろうか。

7.5 設計の最適化

次状態に関する式を変形すると次のようになる。

$_{\text{next}} S1 = \overline{S1} \cdot S0 + S1 \cdot S0 \longrightarrow J1 = S0, \ K1 = \overline{S0}$

$_{\text{next}} S0 = S0 \cdot (\overline{S1} + \overline{I1}) + \overline{S0} \cdot \overline{S1} \cdot I0 \longrightarrow J0 = \overline{S1} + \overline{N}, \ K0 = S1 + \overline{E}$

したがって，JK フリップフロップによる回路は，図 7.14 で求められる。

図 7.14 は，図 7.13 と比較して，S0 の入力を生成する回路が単純なものとなっている。

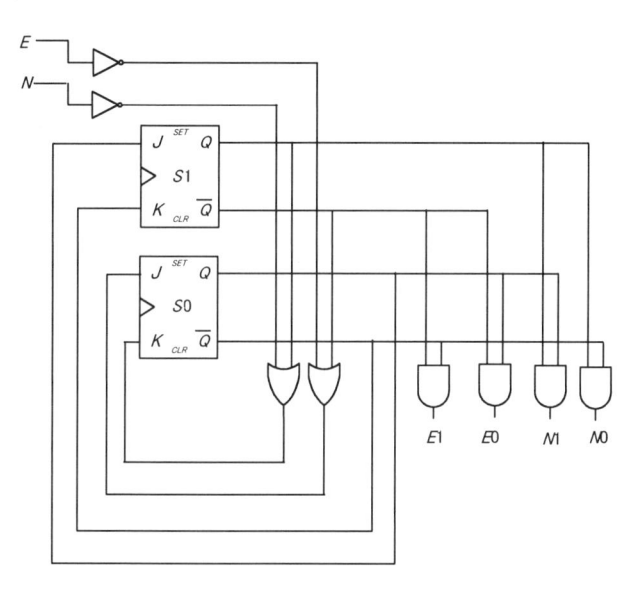

図 7.14　黄色つき信号を制御する順序回路
(JK フリップフロップによる実現)

7.5 設計の最適化

7.5.1 順序回路の最適化

良い論理回路とは，第一に仕様通りの正しい動作をするものであるが，動作が速いこと，コストが小さいこと，も大切である。

回路の動作を決める要素はいろいろあるが，同期式の順序回路の論理設計においては，1 クロックで信号が通過する論理回路の段数が少ないことが基本である。すなわち，論理段数を最少化するということである。

コストについては，回路規模が小さいことが基本となる。フリップフロップや AND 回路などの素子の数を最少化することが重要になる。

順序回路の最適化は，次のような作業が中心である．
（1） 状態の数を最少化すること
（2） 各状態に2進数を割り当てるときに，出力や次の状態を作る回路が小さくなるようにすること
（3） 組合せ回路を最適化すること

このうち，(3)は，カルノー図やクワイン・マクラスキー法でこれを行う(3章を見よ)．(2)は，状態の符号化を工夫することで組合せ回路を簡単化しようというもので，有力な方法はあるものの，一般に最適な方法はなく，また効果が限定されている．本節では，例題をまじえながら，(1)の状態数の最少化について考えていく．

7.5.2 状態数の最少化

順序回路において状態の数が少ないということは，状態レジスタを構成するフリップフロップの数が少なく，次状態や出力を生成する組合せ回路の規模・段数が少なくなることを意味する．最適化ではもっとも本質的な点だろう．

状態数の最少化とは，具体的には与えられたミーリーグラフの中で，同じ動作をする状態どうしを統合して一つの状態に直していく作業である．これ以上統合できる状態がなくなったところで，作業は終わりとなる．

では，二つ以上の状態を統合できるのはどういう場合だろうか．これは，簡単である．

状態の統合：「すべての入力値に対して，同じ出力値と同じ次状態を生成する」状態どうしは統合可能である．

具体例で考えてみよう．図7.15(a)は，ある順序回路を表すミーリーグラフである．六つの状態があり，このまま順序回路にすると，図7.15(b)のようになる．ここでは，状態A, B, C, D, E, Fに，それぞれ0, 1, 2, 3, 4, 5を割り振っている．

ここで，状態Dと状態Eに注目する．この二つの状態は，ともに，
（1） 入力0に対して0を出力し，自分自身の状態を保つ．
（2） 入力1に対して1を出力し，状態Fに遷移する．

と，同じ動作をする．したがって，状態の統合の規則により統合が可能である．

同様に，状態Aと状態Fについても，ともに，
（1） 入力0に対して0を出力し，状態Bに遷移する．
（2） 入力1に対して0を出力し，状態Cに遷移する．

7.5 設計の最適化

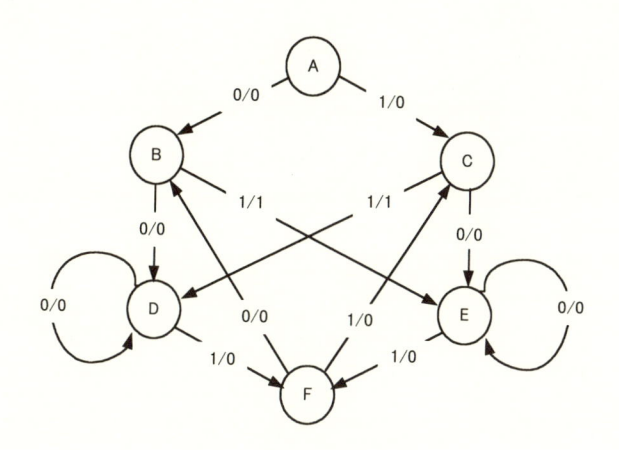

(a) ミーリーグラフ

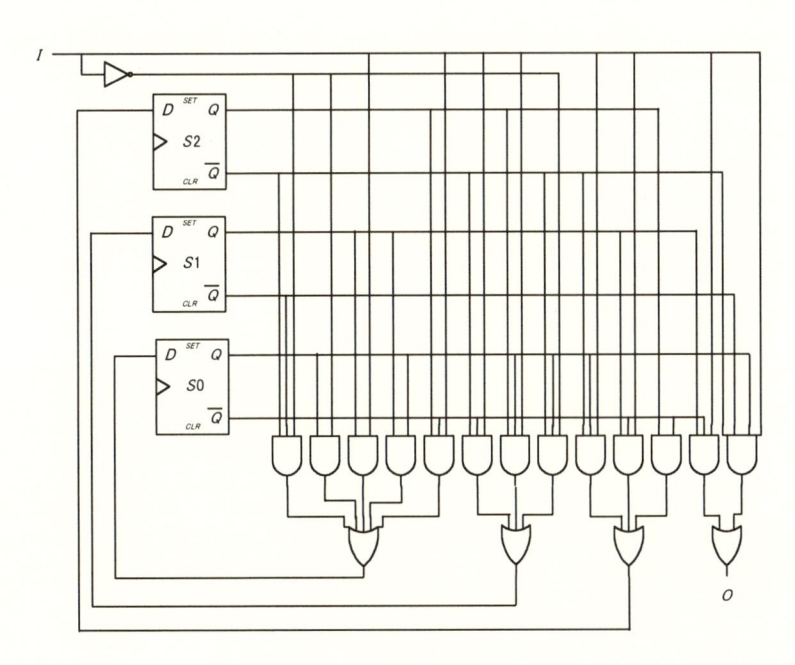

(b) (a)の順序回路

図 7.15 順序回路の例

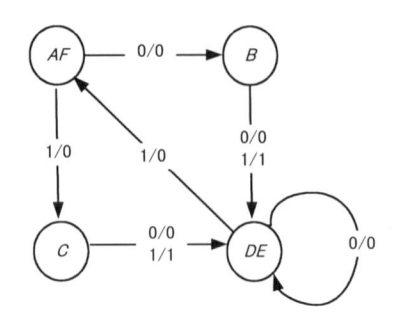

図 7.16　簡単化したミーリーグラフ

と，同じ動作をする．したがって，状態の統合の規則により統合が可能である．
　これら二つの統合によって，図 7.15(a) のグラフは，図 7.16 のように簡単化される．
　図 7.16 で状態数は 6 から 4 に減った．これをもとに計すれば，図 7.15(b) よりずっと簡単な回路ができる．
　しかし，実は図 7.16 はさらに簡単化できるのである．状態 B と状態 C に注目すれば，これらはともに，
　（1）　入力 0 に対して 0 を出力し，状態 DE に遷移する．
　（2）　入力 1 に対して 1 を出力し，状態 DE に遷移する．
と，同じ動作をする．したがって，さらなる統合が可能である．統合の結果を図 7.17(a) に，順序回路を同図 (b) に示す．この順序回路は，これ以上簡単にはならない．
　図 7.15(b) と図 7.17(b) を比較してみれば，状態の統合の効果の大きさが理解できるだろう．両者が同じ動作をする回路だとは一見しただけではわからないに違いない．
　最後に，状態数の最少化の手順をまとめておこう．
状態数最少化の手順：
　（1）　与えられたミーリーグラフにおいて，「すべての入力値に対して，同じ出力値と同じ状態を生成する」状態どうしを統合する．
　（2）　(1) の結果できた新しい状態を遷移先とする状態どうしが統合可能かどうか調べ，可能であれば統合する．
　（3）　統合できる状態がなくなるまで (2) を繰り返す．

(a) ミーリーグラフ

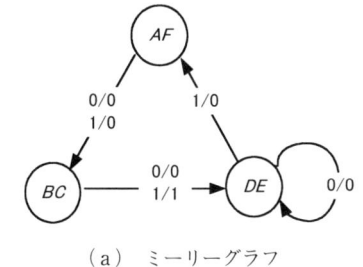

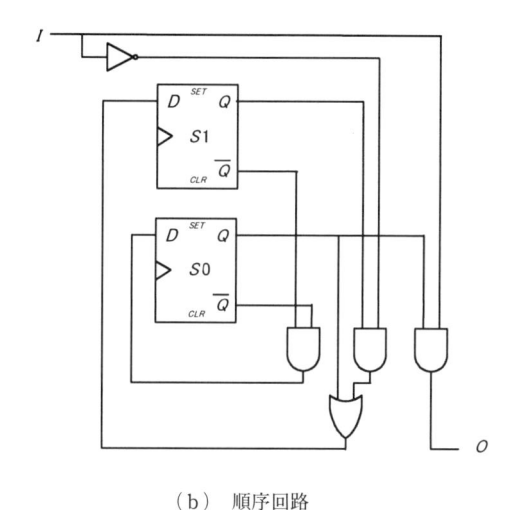

(b) 順序回路

図 7.17 さらに簡単化されたミーリーグラフと最終的な順序回路

7.6 順序回路設計の例

　前節までで，順序回路の設計の基本を学んだ。あとは，「習うより慣れろ」であり，例題を多くこなして，設計に習熟することが第一である。ここでは，3題の基本的な例題によって，「慣れる」ことにしよう。読者は，以後の項をただ読むのではなく，まずは各々で解き，本書の方法と自分の方法を比較してほしい。

7.6.1 自動販売機

例題 7.5

300 円の入場券を販売する自動販売機を作りたい。利用者は，100 円硬貨または 500 円硬貨を 1 クロックに一度だけ投入できるとし，機械は金額が 300 円になったところで入場券とつり銭を出力するものとする。このような自動販売機の制御を行う順序回路を設計せよ。

[解答] この自動販売機の入力は投入されたお金，出力は入場券とつり銭，状態は「いくらのお金が投入されたか」と考えてよい。金額や「入場券の有無」という言葉では回路は設計できないので，次のように，入力，出力，状態を符号で表すことにする。

- 入力 $I500$：500 円硬貨が投入されたとき 1，そうでないとき 0
- 入力 $I100$：100 円硬貨が投入されたとき 1，そうでないとき 0
- 出力 T：入場券が出されるときに 1，そうでないときに 0
- 出力 $C1C0$：
    - 00：釣銭なし
    - 01：釣銭 200 円
    - 10：釣銭 300 円
    - 11：釣銭 400 円
- 状態 $S1S0$：
    - 00：投入されていない
    - 01：100 円投入された
    - 10：200 円投入された

なお，題意によって，入力 $I500$ と入力 $I100$ がともに 1 になることはない。ミーリーグラフによってこの機械を表現すると，図 7.18 のようになる。

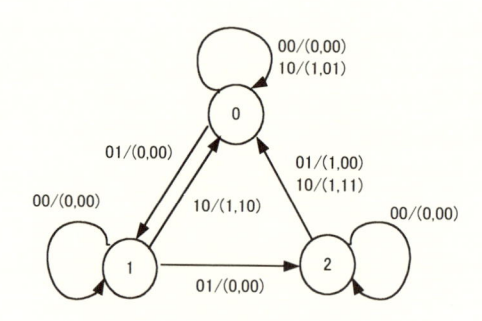

図 7.18 自動販売機のミーリーグラフ

7.6 順序回路設計の例

図7.18のミーリーグラフから状態遷移表を導くと，表7.8を得る．

表 7.8 状態遷移表

$S1$	$S0$	$I500$	$I100$	$_{\text{next}}S1$	$_{\text{next}}S0$	T	$C1$	$C0$
0	0	0	0	0	0	0	0	0
0	0	0	1	0	1	0	0	0
0	0	1	0	0	0	1	0	1
0	1	0	0	0	1	0	0	0
0	1	0	1	1	0	0	0	0
0	1	1	0	0	0	1	1	0
1	0	0	0	1	0	0	0	0
1	0	0	1	0	0	1	0	0
1	0	1	0	0	0	1	1	1

表7.8から次状態，出力を求める． $_{\text{next}}S1$, $_{\text{next}}S0$, T, $C1$, $C0$ のそれぞれについてカルノー図を書いて，これを求める（図7.19）．

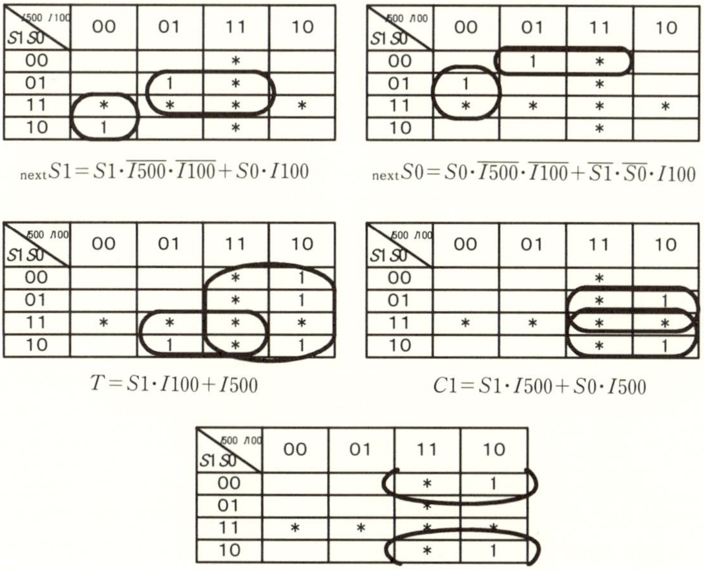

$$_{\text{next}}S1 = S1 \cdot \overline{I500} \cdot \overline{I100} + S0 \cdot I100$$

$$_{\text{next}}S0 = S0 \cdot \overline{I500} \cdot \overline{I100} + \overline{S1} \cdot \overline{S0} \cdot I100$$

$$T = S1 \cdot I100 + I500$$

$$C1 = S1 \cdot I500 + S0 \cdot I500$$

$$C0 = \overline{S0} \cdot I500$$

図 7.19 次状態と出力のカルノー図

図 7.19 から回路図を書くと，図 7.20 のようになる。

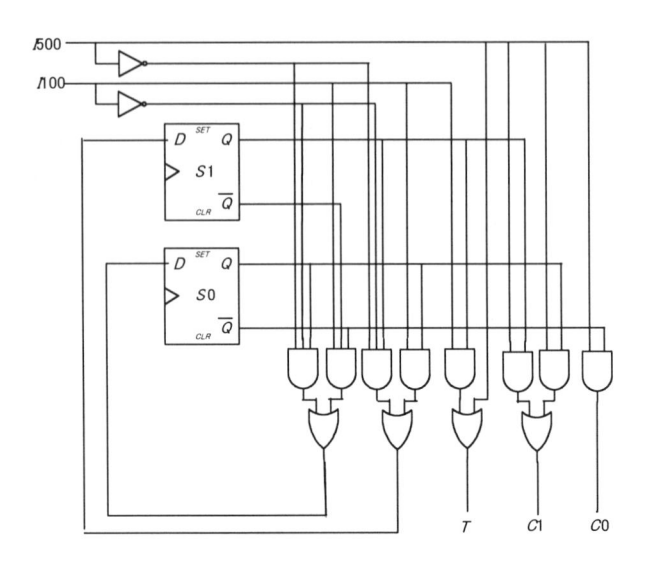

図 7.20 自動販売機の制御をする順序回路

7.6.2 パターンマッチング

ある信号列の中に，特定の信号列が含まれているかどうかを判定し，含まれている場合はその場所を示すことを，ここではパターンマッチングとよぶ。もっとも簡単なパターンマッチングの例を以下に示そう。

例題 7.6

クロックに同期して 0 または 1 が入力される 1 ビットの信号線がある。この信号線上でパターン 1101 が現れたときにだけ，最後の 1 のクロックで 1 を出力する順序回路を作れ。

[解答] この問題では，入力・出力ははっきりしている。状態は，「1101 のどこまでマッチしたか」とすればよい。

・入力 I：信号線の値
・出力 O：パターン 1101 を発見したときに 1，そうでないとき 0
・状態 $S_1 S_0$：
   00：初期状態
   01：1 が入力された
   10：11 が入力された
   11：110 が入力された

7.6 順序回路設計の例

ミーリーグラフによってこの機械を表現すると，図 7.21 のようになる．

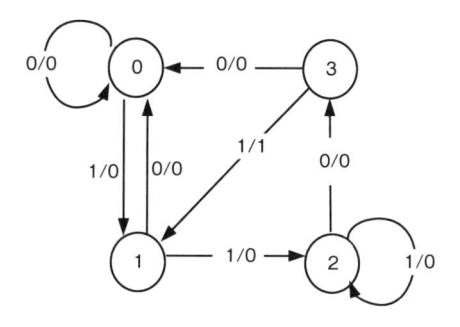

図 7.21 ミーリーグラフ

これから，手順に従って，状態遷移表(表 7.9)，カルノー図(図 7.22)，順序回路(図 7.23)を得る．

表 7.9 状態遷移表

$S1$	$S0$	I	$_{next}S1$	$_{next}S0$	O
0	0	0	0	0	0
0	0	1	0	1	0
0	1	0	0	0	0
0	1	1	1	0	0
1	0	0	1	1	0
1	0	1	1	0	0
1	1	0	0	0	0
1	1	1	0	1	1

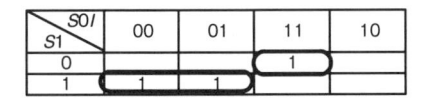

$_{next}S1 = S1 \cdot \overline{S0} + \overline{S1} \cdot S0 \cdot I$

$_{next}S0 = \overline{S1} \cdot \overline{S0} \cdot I + S1 \cdot \overline{S0} \cdot \overline{I} + S1 \cdot S0 \cdot I$

$O = S1 \cdot S0 \cdot I$

図 7.22 カルノー図

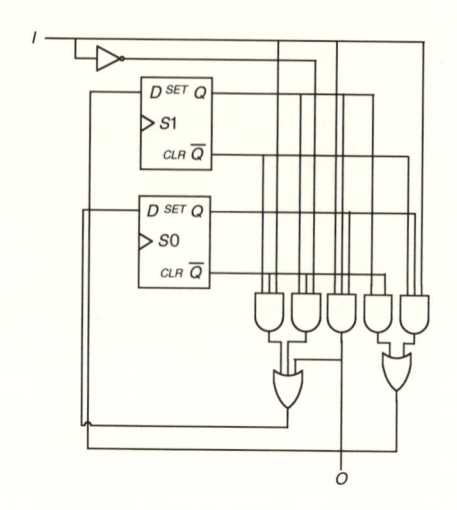

図 7.23 パターンマッチングの順序回路

パターンマッチングの回路は，これで設計できたわけだが，実はもっと簡単な設計法がある．図 7.24 を見てほしい．

本図は，入力を 1 ビットずつシフトしていくシフトレジスタ(6.4 節参照)の回路に組合せ回路をつけたものだが，この回路は，(ほとんど自明であるが)連続する 4 ビットが 1101 になったところで 1 を出力するようになっている．このように，パターンマッチングの回路は，マッチするビット数のシフトレジスタと，求めるパターンと照合するための組合せ回路で実現される．

図 7.24 は，図 7.23 の回路にくらべて，フリップフロップの数が 2 倍必要になっている．しかし，こちらのほうがはるかにわかりやすい回路であり，設計の手間がかからないし，動作の再検証の手間も不要である．この理由から，パターンマッチング(一般に入力系列の連続する一部分に対する操作)には，シフトレジスタを用いることも多い．

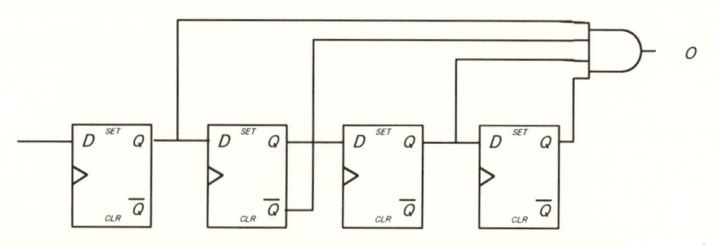

図 7.24 シフトレジスタを用いたパターンマッチングの回路

7.6 順序回路設計の例

7.6.3 数　列

例題 7.7

2進数の 1, 2, 4, 6, 7 をこの順に生成する同期型論理回路を設計し，図示せよ．ただし，この回路は 7 を生成した次のクロックでは，1 を生成するものとし，クロックが続くかぎり，1, 2, 4, 6, 7 を周期 5 で循環的に生成しつづけるものとする．

[解答] 最初に，これまでの例題と同じ解き方をしてみよう．
  ・入力：なし
  ・出力 $O_2 O_1 O_0$
  ・状態 $S_2 S_1 S_0$：
    000：1 を出力
    001：2 を出力
    010：4 を出力
    011：6 を出力
    100：7 を出力

以下，ミーリーグラフ(図 7.25)，状態遷移表(表 7.10)，カルノー図(図 7.26)，順序回路(図 7.27) を得る．

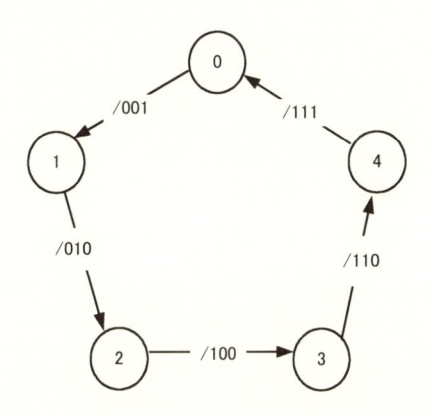

図 7.25 ミーリーグラフ

表 7.10 状態遷移表

S_2	S_1	S_0	$_{next}S_2$	$_{next}S_1$	$_{next}S_0$	O_2	O_1	O_0
0	0	0	0	0	1	0	0	1
0	0	1	0	1	0	0	1	0
0	1	0	0	1	1	1	0	0
0	1	1	1	0	0	1	1	0
1	0	0	0	0	0	1	1	1

7. 一般的な順序回路

S2 \ S1 S0	00	01	11	10
0			1	
1		*	*	*

$_{\text{next}}S2 = S1 \cdot S0$

S2 \ S1 S0	00	01	11	10
0		1		1
1		*	*	*

$_{\text{next}}S1 = \overline{S1} \cdot S0 + S1 \cdot \overline{S0}$

S2 \ S1 S0	00	01	11	10
0	1			1
1			*	*

$_{\text{next}}S0 = \overline{S2} \cdot \overline{S0}$

S2 \ S1 S0	00	01	11	10
0			1	1
1	1	*	*	*

$O2 = S2 + S1$

S2 \ S1 S0	00	01	11	10
0		1	1	
1	1	*	*	*

$O1 = S2 + S0$

S2 \ S1 S0	00	01	11	10
0	1			
1	1	*	*	*

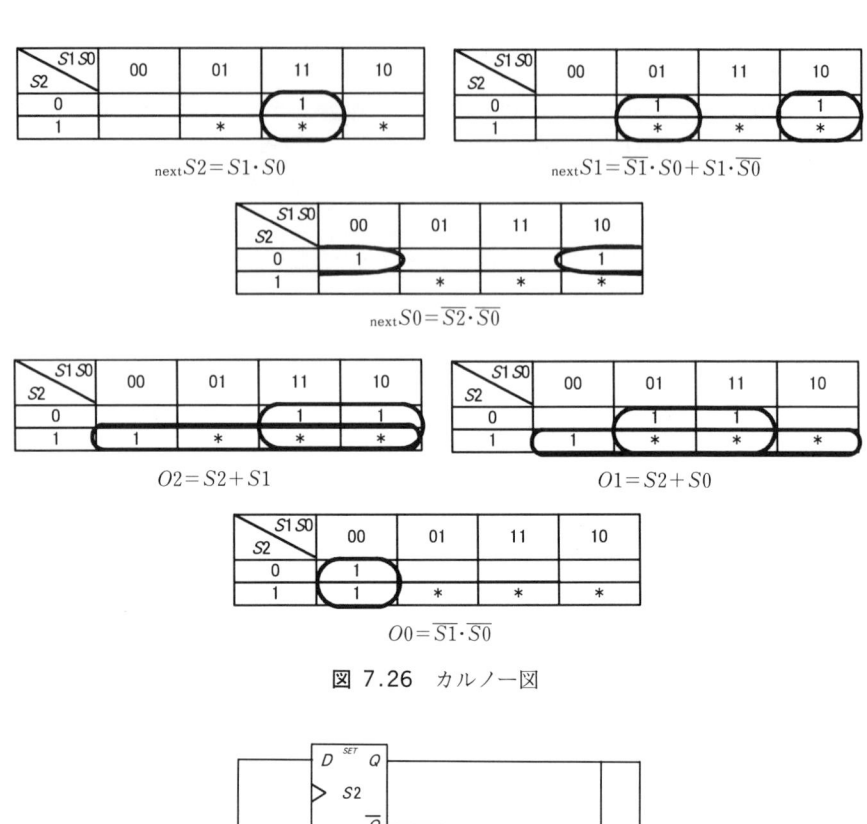

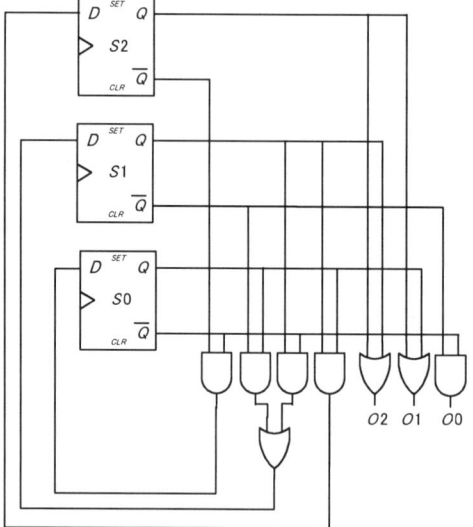

$O0 = \overline{S1} \cdot \overline{S0}$

図 7.26 カルノー図

図 7.27 数列生成の順序回路

7.6 順序回路設計の例

以上が「まともな」解き方である。これで何の問題もない。

勘のいい読者はすでにお気づきかもしれないが，この問題にはもっと「楽な」解き方がある。

この回路は 1, 2, 4, 6, 7 の「五つの数を順番に出力することを繰り返す」。ところで，数を順番に出力することを繰り返す回路の典型は，カウンタ (6.3 節参照) であった。

カウンタを思い出せば，この問題は，「5 進カウンタをもってきて，0, 1, 2, 3, 4 の出力をそれぞれ 1, 2, 4, 6, 7 に置き換える組合せ回路を加える」という解答に思い至る。こうしてできた回路が，図 7.28 である。

図 7.28 の回路と図 7.27 の回路は，回路規模にそれほどの差はない。しかし，カウンタはふつう，「よく使われる順序回路」として記憶されているから，ここで新たに設計する必要がない。カウンタの回路を思い出し (ライブラリから引用し)，あとは出力を生成する組合せ回路だけを作ってやればよい。

このように，繰り返し動作を行う順序回路の生成には，カウンタの利用が有利である場合が多い。

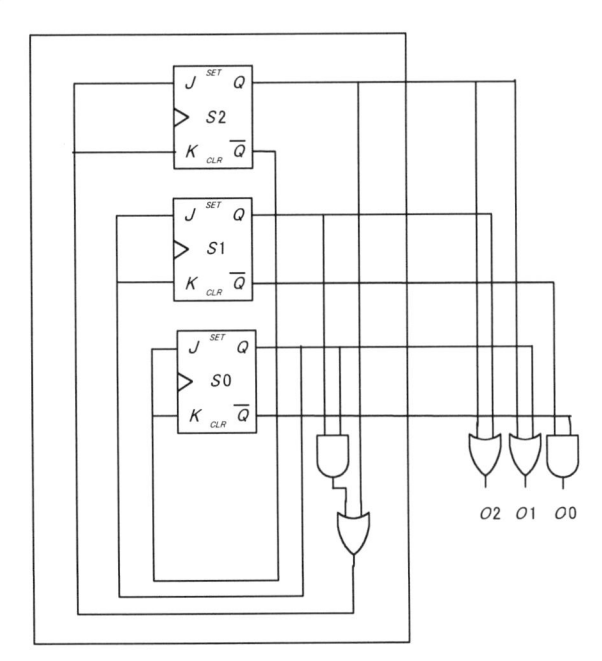

図 7.28 カウンタを用いた数列生成回路

演習問題　7

7.1 次の順序回路の動作を解析し，状態遷移表，ミーリーグラフを書け．

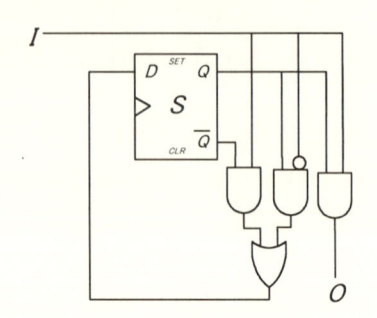

図 7.29　解析対象の順序回路

7.2 次の順序回路の動作を解析し，状態遷移表，ミーリーグラフを書け．

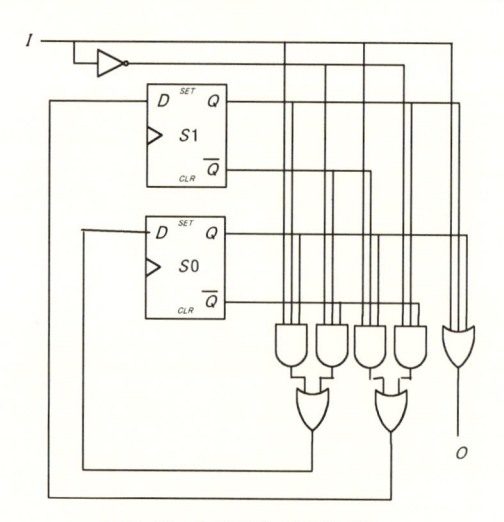

図 7.30　解析対象の順序回路

7.3 図 7.30 の順序回路は，初期状態が 11 以外の場合は，状態 11 をとることがない．初期状態が 00 のときのミーリーグラフ，状態遷移表を書き，順序回路を書いてみよ．

7.4 4 人とお見合いをして結婚相手を決める順序回路を書け．同じ相手とは一度だけ見合いをし，入力は相手を見たときの自分の第一印象とし，次のような情報が 1 クロックだけ与えられるものとする．

00：最後の一人でない限り拒絶
01：どちらかといえば拒絶
10：どちらかといえばOK
11：どんなことがあってもOK

出力は，OKをするときに1を，拒絶するときに0とする．OKをするのは，
$$-(入力)+(以前にお見合いをした回数)\geqq 3$$
のときとし，一度OKが出た時点で，以後の出力はすべて1になるとする．

7.5 次のような，2入力(X_1, X_0)1出力(Z)の同期式順序回路を考える．

AからDまでの文字を，$A=00$，$B=01$，$C=10$，$D=11$と符号化したとき，この回路では，連続する2回の入力がAB，AD，BB，CB，CDだったときにだけ$Z=1$となり，他の場合は$Z=0$となる．

（1） 状態遷移図を作成せよ．
（2） 状態遷移図をできるだけ簡単化せよ．
（3） 状態遷移表を作成せよ．
（4） この論理回路を設計し，MIL記号を用いて図示せよ．その際，カルノー図などを使って論理を簡単化すること．

7.6 クロックに同期して1ビットずつ入力されるデータ系列$(X_0 X_1 X_2 X_3 \cdots)$に関して，$X(i)=\sum_{k=0}^{i}X_k\cdot 2^{i-k}$(それまでの系列を2進数とみなした値)が6の倍数のときだけ1を返す(出力$Z=1$)同期式順序回路を作りたい．

（1） この回路の状態遷移図を作成せよ．
（2） 状態遷移図をできるだけ簡単化せよ．
（3） 状態遷移表を作成せよ．
（4） この論理回路を設計し，MIL記号を用いて図示せよ．その際，カルノー図などを使って論理を簡単化すること．

8. 論理回路の実現

8.1 論理素子

　いま，ほとんどのディジタル回路は，半導体(semiconductor)のトランジスタ(transistor)で作られている．トランジスタには，増幅，発振などの優れた機能があるが，論理回路では，主に0と1のスイッチとしてこれを用いる．

　この章では，まず基本動作原理として，半導体の性質とAND回路，OR回路，NOT回路の原理について述べる．次に，二つの代表的な回路形式であるTTLとCMOSの動作を学ぶ．さらに，出力回路の作り方(特にバスの実現)について説明する．それから，回路の作り方として，ゲートを固定して結線だけをあとから決める方法や，回路は固定しておいてその動作をソフトウェア的に決めてやる方法などについて述べる．最後に，動作仕様から回路を自動で生成するためのソフトウェアについて学ぶ．

　なお，この章では，半導体デバイスについての詳しい説明はしないので，さらに知りたい人は，半導体や電子回路の教科書を読んでほしい．

8.2 基本動作原理

8.2.1 半導体のpn接続

　シリコン(Si)やゲルマニウム(Ge)は半導体とよばれる．半導体の単結晶に不純物を少し加え，正孔の数を多くしたものをp型半導体という．別の不純物を加え，電子の数を多くしたものをn型半導体という．

　半導体ダイオードは，p型半導体とn型半導体を図8.1のようにくっつけたものである．ダイオードは，p型からn型に向かっては電流を流すが，n型か

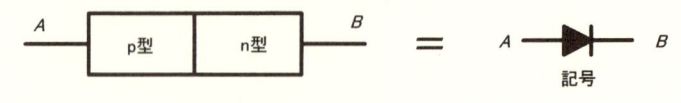

図 8.1　半導体ダイオード

らp型に向かっては電流を流さない．すなわち，図 8.1 で，A から B に向かっては電流が流れるが，B から A に向かっては流れない(整流作用)．

8.2.2　ダイオードによる AND 回路，OR 回路

図 8.2 にダイオードによる基本論理回路を示す．

図(a)で，V_{cc} は，一定の高電位の供給源(電池の正極など)を示すとする．いま，入力 A が低電位だったときは，A に接続されたダイオードが導通状態となり，電流が V_{cc} から A に向かって流れる．そのため，抵抗のところで電圧降下が起き，出力 O は低電位となる．同様のことが，入力 B が低電位だったときにもいえる．A と B が同時に高電位だったときは，二つのダイオードはともに導通せず，したがって，電流は流れない．よって，O は高電位となる．このように，図(a)の回路は，組合せ論理の基本回路である AND を実現する．

今度は図(b)の回路を見てみよう．入力 A が高電位だったときは，A に接

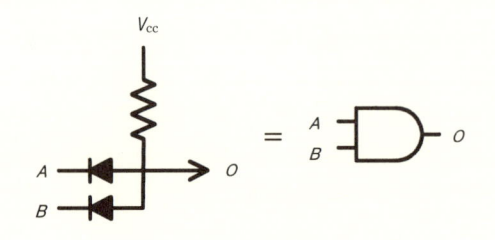

(a) AND 回路

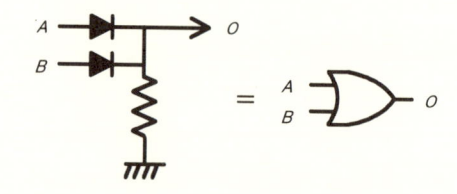

(b) OR 回路

図 8.2　ダイオードによる基本論理回路

続されたダイオードが導通状態となり，電流が A から接地に向かって流れる。そのため，抵抗のところで電圧降下が起き，出力 O は高電位となる。同様のことが，入力 B が高電位だったときにもいえる。A と B が同時に低電位だったときは，二つのダイオードはともに導通せず，したがって，電流は流れない。よって，O は低電位となる。このように，図(a)の回路は，組合せ論理の基本回路である OR を実現する。

8.2.3 npn 型トランジスタ

ダイオードが2極の素子であるのに対して，トランジスタは3極の素子である。ここでは n 型半導体，p 型半導体，n 型半導体をこの順で接続したものを扱う（図 8.3）。

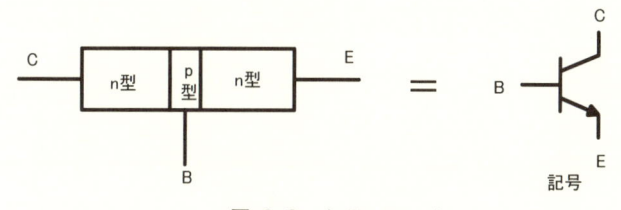

図 8.3 トランジスタ

トランジスタの3端子には決まった名前がある。すなわち，図で C はコレクタ(collector)，B はベース(base)，E はエミッタ(emitter)とよばれる。

今，コレクタ側が高電位だったとしよう。トランジスタでは，ベース・エミッタ間に正の電圧がかかっているとき（ベースが高電位），コレクタからエミッタに向かって電流が流れる。ベース・エミッタ間がある一定レベル以下のときは，コレクタからの電流は流れない[†]。

8.2.4 トランジスタによる NOT 回路

図 8.4 で，端子 A が高電位になったときには，前節の原理により，コレクタからエミッタに向かって電流が流れ，抵抗 R_c による電圧降下が起こって，端子 O が低電位となる。端子 A が低電位のときは，コレクタからの電流は流れず，端子 O は高電位である。すなわち，図 8.4 は，NOT を実現する回路となる。

[†] ベース電流の微小な変化をコレクタ電流の大きな変化として取り出す電流増幅作用もトランジスタの重要な性質であるが，ここでは説明しない。

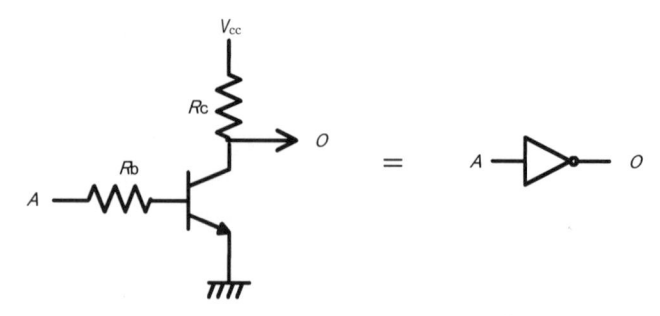

図 8.4　トランジスタによる NOT 回路

8.2.5　基本論理回路の実現

ダイオードによる AND 回路と OR 回路，それからトランジスタによる NOT 回路を組み合わせれば，2.3 節で述べた完備性によって，すべての組合せ論理を実現することができる．これが DTL (Diode Transistor Logic) とよばれる回路形式の原理である．

実際には，これらの回路の組合せだけでは，電圧降下が起こって期待する動作が起こらない，ダイオードの低電位の出力でトランジスタが誤動作してしまう，ドライブ能力が低い，などの問題点がある．実用的には，次に述べる TTL と CMOS が論理回路の実現技術の中心となっている．

8.3　TTL 回路

8.3.1　基 本 回 路

TTL とは，Transistor Transistor Logic の略である．その基本回路を，図 8.5 に示す．

図で $Tr1$ は，エミッタを二つもつマルチエミッタトランジスタである．

入力 A，B のどちらか(または両方)が低電位のとき，ベースからエミッタに電流が流れ，コレクタには電流が流れない．$Tr1$ のコレクタは，$Tr2$ のベースに直結しているから，このとき $Tr2$ はコレクタの電流が流れず，電圧降下が起こらないのでコレクタの電位は高くなる．コレクタは，$Tr3$ のベースに直結しているから，$Tr3$ のコレクタ-ベース間は導通状態になる．また，$Tr2$ のエミッタは低電位であり，これが $Tr4$ のベース入力となっているから，$Tr4$ のコレクタ-エミッタ間には電流が流れない．以上，$Tr3$ のコレクタ

8.3 TTL 回路

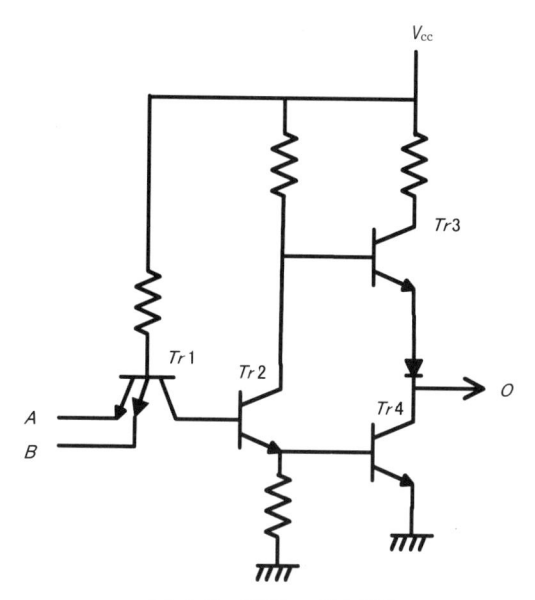

図 8.5 TTL の基本回路

から $Tr4$ のコレクタまでは導通状態と見てよいが，$Tr4$ のコレクタからエミッタまでは不通状態である．したがって，出力 O は高電位となる．

　入力 A, B の両方が高電位のとき，$Tr1$ のベースからコレクタに電流が流れ，$Tr2$ がオン状態になる．結果，$Tr2$ のエミッタが高電位になり，$Tr4$ がオン状態になる．また，$Tr3$ はこの場合不通になるように設計されている．結果，出力 O は低電位となる．

　以上，図 8.5 は NAND 回路であることが示された．

　図 8.5 はやや複雑な回路であるが，$Tr1$ で AND の動作をさせ，$Tr4$ で NOT の動作をさせているとみなすことができる．$Tr2$ は，レベルシフト（$Tr4$ のベースの電圧を適性なものにする）とドライブ電流の増幅のために置かれる．$Tr3$ は，$Tr4$ のコレクタ側の電荷を高速に充電し，出力信号の立ち上げを急峻なものにするために置かれている．後者をターンオフバッファ (turn off buffer) とよぶ．

8.3.2 TTL の特徴

　TTL は，高速動作が可能で出力インピーダンスが低い利点があるが，後に述べる CMOS にくらべて消費電力が大きく，集積度がそれほど高くならない

欠点をもつ．また，ワイヤードORをとれない(8.5.1項参照)，特有の雑音を発生しやすい，などの問題もある．

基本的に図8.5のNAND回路を組み合わせれば，すべての論理回路を作ることができるが，一つの素子の出力に他の素子(の入力)を無限個接続できるわけではない．これは，TTLの駆動能力に限界があるからである．1素子の出力につなげられる負荷の大きさをファンアウト(fan out)とよぶ．回路の設計にあたっては，出力のファンアウトが出力先の素子の負荷の総和を上まわるようにしなければならない．

8.4 CMOS 論理回路

8.4.1 MOS FET

MOSは，Metal Oxide Semiconductor(金属酸化物半導体)の，FETはField Effect Transistor(電界効果型トランジスタ)の略語である．

MOS FETは，その動作によって，nチャンネルMOSとpチャンネルMOSの二つの種類がある．図8.6に，MOS FETの基本素子を示す．

　　　(a) nチャンネルMOS　　(b) pチャンネルMOS

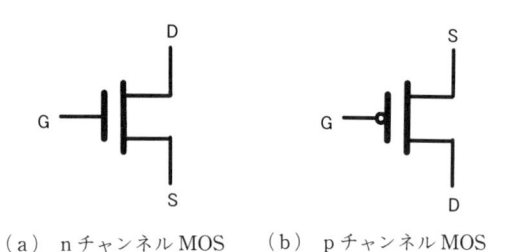

図 8.6　MOS FET

図で，Gはゲート(gate)，Sはソース(source)，Dはドレイン(drain)とよばれる端子である．それぞれ，通常のトランジスタのベース，コレクタ，エミッタにあたる．

MOS FETは，Gの電位によって動作するスイッチだと考えることができる．nチャンネルでは，Gが高電位のときにSとDが導通し，Gが低電位のときに不通となる．pチャンネルでは，Gが低電位のときにSとDが導通し，Gが高電位のときに不通となる．

8.4 CMOS 論理回路

8.4.2 CMOS による NOT 回路

CMOS による NOT 回路を図 8.7 に示す。前節の通常のトランジスタによる NOT 回路とくらべて，抵抗 R がなく，すっきりした形になっている。

この回路で，A が高電位のときは，$F1$ が遮断され，$F2$ が導通状態となるので，O は低電位(接地状態)となる。逆に A が低電位のときは，$F1$ が導通し，$F2$ が不通となるので，O は高電位(V_{cc} と同じ電位)となる。NOT はこのように実現されるが，どちらの場合でも，V_{cc} から接地に向かって流れる電流は(定常状態では)発生しない。したがって，CMOS NOT 回路の消費電力は小さなものとなる。

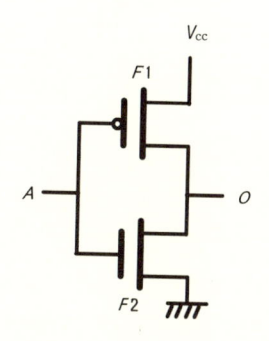

図 8.7 CMOS NOT 回路

8.4.3 NAND 回路

図 8.8 に CMOS による NAND 回路を示す。この回路は，二つの NOT 回路を，p チャンネル FET は並列に，n チャンネル FET は直列に接続した形となっている。

図 8.8 では，A と B がともに高電位のとき，$FA1$ と $FB1$ は遮断され，$FA2$ と $FB2$ が導通状態となる。したがって，O は低電位となる。A か B のどちらか一方(または両方)が低電位になると，「$FA1$ または $FB1$」が導通状態となり，「$FA2$ または $FB2$」が不通となる。したがって，O は高電位となる。以上，NAND の動作をすることが示された。

8.4.4 CMOS の特徴

CMOS は TTL などにくらべて回路が単純となり，消費電力が小さく，高

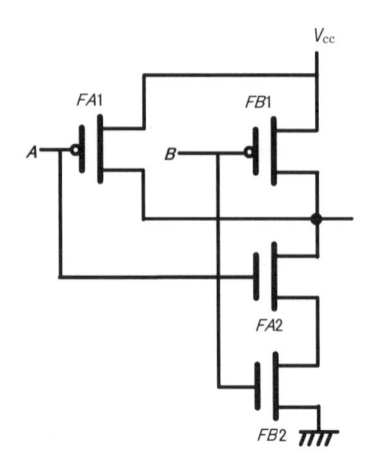

図 8.8 CMOS NAND 回路

集積化に向き，ファンアウトが大きくとれる(ただし容量によって遅延が大きくなる)など，優れた特徴をもつ．近年の回路は動作も速くなった．さらに，許される電源電圧の幅が広いなどの利点もある．

このような理由から，半導体集積回路の主役は CMOS となり，いまではコンピュータの CPU，メモリ，周辺回路などに広く使われている．

8.5 出力回路

8.5.1 ワイヤード OR

素子の出力は，通常は他の素子の入力に接続され，一か所で他の出力と競合することはない．しかし，一本の導線の上に複数の出力を接続し，時間を分けてこれを使い分ける場合がある．この導線をバス(bus)とよび，コンピュータではデータ交換の主要なハードウェアとなっている．

バスの実現は，複数の出力線を図8.9のようにつなぐだけなので簡単である．

通常このような回路は，前段の各出力の AND をとった値が最終的な出力となる．したがってこれをワイヤード AND(wired AND)回路とよぶのが正しいのであるが，バスでは負論理(低い電位を1に対応させる論理)がとられることが多いので，慣例としてこれをワイヤード OR(wired OR)回路とよんでいる．

8.5 出力回路

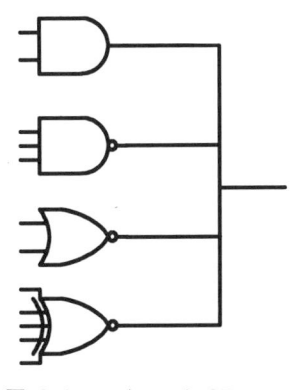

図 8.9 ワイヤード OR

8.5.2 オープンコレクタ

ワイヤード OR は，電気的にはとても危険な回路である．たとえば，TTL の場合，二つの NAND 回路の出力を単純に接続すると，図 8.10 のような回路となる．この回路で A, B が高電位，A', B' が低電位のときには，O は高電位となるが，このとき，$Tr4$ はほとんど抵抗がない状態で電源と接地を接

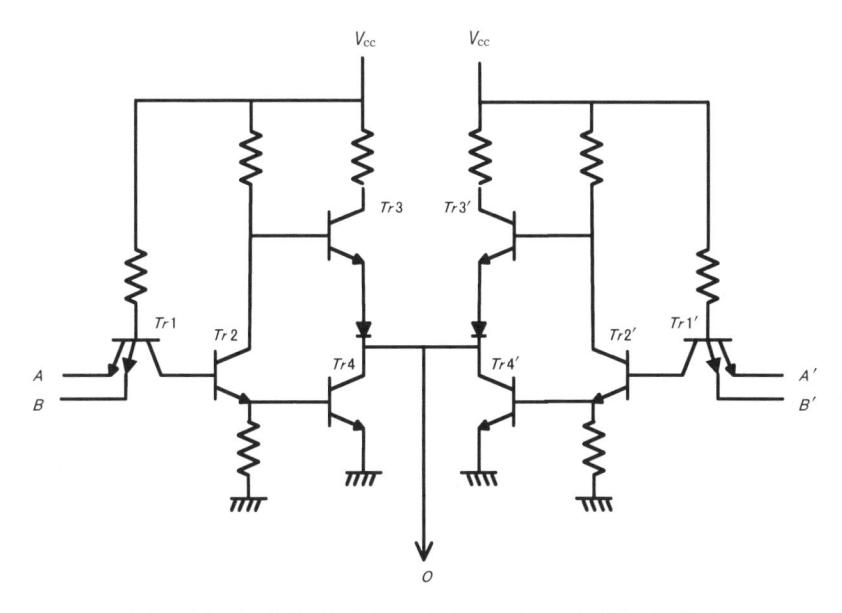

図 8.10 TTL(NAND 回路二つ)のワイヤード OR：失敗例

続した状態(ショート)となり，大電流が流れて回路を破損してしまう。

これを防ぐためには，図 8.11 のようにターンオフバッファをはずした回路を基本素子として用い，ワイヤード OR をとるところで負荷抵抗と接続してやればよい。これをオープンコレクタ(open collector)方式とよぶ。図 8.12 に，オープンコレクタ方式のワイヤード OR の一般形を示す。

CMOS でも TTL と同様の問題が発生する。これは，オープンコレクタと同じ方式で回避されるが，CMOS の場合はオープンドレイン(open drain)方式とよばれる。

8.5.3 3状態出力

多数の出力を統合するバスは，前節で述べたように，オープンコレクタを用いて「関係ない出力を低電位にする」ことで実現されるが，これは負荷抵抗の追加が必要であり，その値の計算がやっかいである。次に示す3状態出力回路

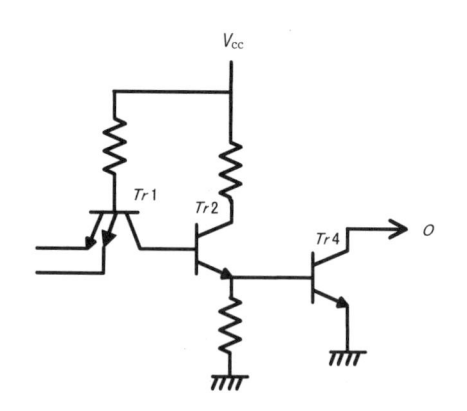

図 8.11 オープンコレクタ方式の TTL NAND

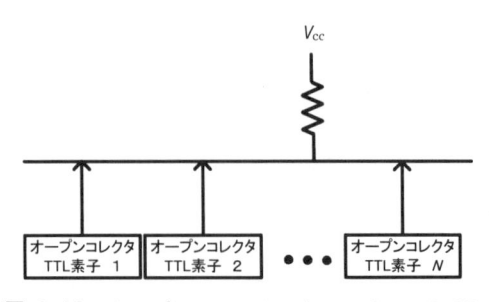

図 8.12 オープンコレクタによるワイヤード OR

(tri-state output circuit) は，これに比較して，回路が簡単でわかりやすく，一般的によく利用されている。

3状態出力回路は図8.13のように表される。これは，入力 A と選択信号 S，出力 B の三つの端子をもつ。

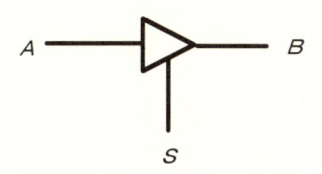

図 8.13 3状態出力回路

S が高電位のとき，B には A の値が出力される。S が低電位のときには，B は高インピーダンス状態となる。3状態出力回路を利用すると，図8.14のようにバスが実現される。

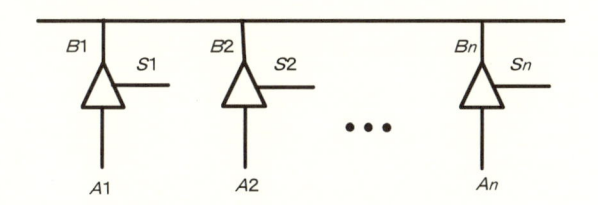

図 8.14 3状態回路によるバスの実現

3状態回路は，負荷抵抗の計算なども不要で回路構成が簡単である。ただし，二つ以上の S を同時に高電位にすると，バス上で信号が衝突して素子の破損を招くことがあるので，注意が必要である。

8.6 プログラマブル・デバイス

論理回路をハードウェアとして作るのは，回路図を見ながら必要な基本素子を組み合わせてゆく作業となる。回路図に忠実に一歩一歩回路を組み立てるのが普通のやりかただが，そのかわりにあらかじめ必要な入力・出力の数などの性質を理解しておいて回路を作っておき，あとから結線の付加や切断によって論理を完成させるやりかたがある。ここでは，後者の方法によって論理回路を組み立てるやりかたを学ぶ。

一般に，ハードウェアができてパッケージングした後で，ユーザがプログラムによって回路動作を決められるようなデバイスを，PLD(Programmable Logic Device)という．ここでは，代表的な PLD について概説する．

8.6.1 PLA

3章では，一般の組合せ論理回路の設計法について述べた．得られた回路は，一般に，リテラルを AND で結合し，さらにその結果を OR で結合したものとなった．この性質から，組合せ論理回路をハードウェアにする際に，図 8.15 のようなやりかたで線を縦横に張っておいて，必要な場所をダイオードで接続する方式が考えられる．この方式を PLA(Programmable Logic Array)とよぶ．

図 8.15 は，次のような式を実現する回路である．

$$O1 = I2 \cdot \overline{I3} + \overline{I1} \cdot \overline{I2}$$
$$O2 = \overline{I1} \cdot I3 + I1 \cdot \overline{I3}$$
$$O3 = I1 \cdot \overline{I2} + \overline{I1} \cdot \overline{I2}$$
$$O4 = \overline{I1} \cdot I3 + I1 \cdot \overline{I2}$$

図で，網状の回路の左半分は，1 行(入力に対応)ごとにワイヤード OR (8.5.1 項参照)による AND 回路となっており，右半分は一列(出力に対応)ごとにワイヤード OR による OR 回路となっている．これによって，積和形の組合せ論理が実現される．このとき，左半分の AND を作る回路を AND アレイ

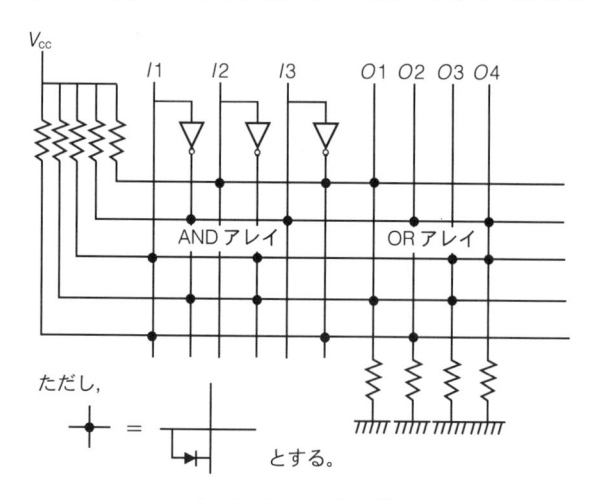

図 8.15 PLA の例

(AND array)，右半分の OR を作る回路を OR アレイ (OR array) とよぶ。

　PLA は，組合せ論理回路を最適にレイアウトした場合に比較して，遅延の点でも面積の点でもやや不利な実装となる。しかし，簡単でわかりやすい設計法であるため，遅延時間・面積に余裕のある部分の設計にしばしば使われる。

　実際に IC の内部に PLA を埋め込む場合には，マスクパターンの中にダイオードの入るパターンを書き込んでおく（マスク PLA）。あるいは，交差点すべてにダイオードを埋め込んだ回路を作っておき，あとから不要なダイオードを焼き切って求める組合せ論理を得る方法（ヒューズ PLA）もある。

8.6.2　PAL と GAL

　PAL (Programmable Array Logic) は，ゲート数にして数十から 100 程度，入力数にして 10 から 20 程度の比較的小規模な PLD である。

　図 8.16 に PAL の原理を記す。PAL の構成は PLA で用いた積和型の組合せ論理回路であるが，OR アレイは固定されていて回路が単純化・高速化されている点に特徴がある。

　図でわかるように，PAL では AND アレイの構成と OR に入力する AND 回路の選択に自由度がある。PAL は，組合せ回路だけでなく，内部にフリップフロップをもち，簡単な順序回路が実現できるものもある。PAL はヒューズ PLA であり，一度回路を決めると二度と書き換えができない。

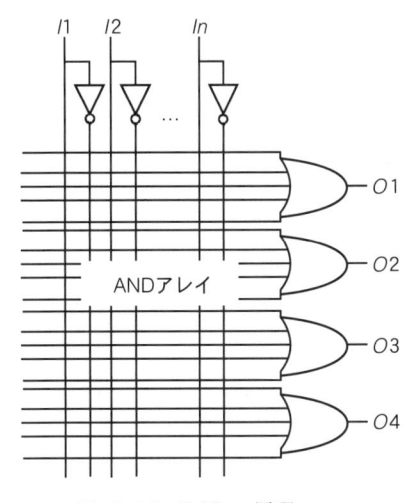

図 8.16　PAL の原理

GAL(Generic Array Logic)は，PAL同様にORアレイ固定の構造をもつPLDだが，電気的に消去・書き換えができる点に特徴がある．CMOSで実装されており，大きさ数百ゲートの規模のものがある．

8.6.3 FPGAとCPLD

1980年代後半以後，PLDの実装規模が大きくなると，単なる積和回路（とフリップフロップ）だけを実装するのではなく，より高機能な回路を柔軟に実現するためにPLDを使おうという流れが起こった．

FPGA(Field Programmable Gate Array)は基本論理機能をもつセルを組み合わせて，任意の論理回路を実現するものである．従来のGALなどと比較して設計の自由度が高く，集積度も高くなる利点がある．

当初FPGAやCPLDは数千ゲート規模であったが，現在では数十万から数百万ゲートの容量をもつものが出現しており，マイクロプロセッサとの融合など新しい応用分野を開拓しつつあるといってよい．CPLD(Complex PLD)は，従来の積和型のPLDを複数個組み合わせることで，大規模で複雑な動作を行える論理回路を実現したものである．一般にCPLDのほうが高速化しやすいが，FPGAのほうが設計の自由度・集積度においてまさっている．現在では，大規模PLDの中心はFPGAであり，CPLDは安価な中規模PLDと位置づけられている．

8.7 CAD

3章，7章で述べた論理回路の設計法を用いれば，原理的にどのような回路でも設計できる．コンピュータは巨大な順序回路であるから，どのようなコンピュータもこの方法で作れるはずである．

現実には，人手だけで設計できる論理回路の大きさには限界がある．カルノー図はどんなにがんばっても6入力が限界だし，多出力の回路を最適化することや，状態数の最適化・状態への2進数の割当てなども，複雑になれば人手だけでは困難になる．

現実の論理回路の設計には，コンピュータが使われる．これをコンピュータ支援設計(Computer Aided Design, CAD)という．いまでは産業のあらゆる分野でコンピュータによる設計支援が行われており，対象は論理回路だけとは限らない．CADという言葉も，機械・建築・乗り物など，あらゆる分野で用

8.7 CAD

いられるようになった。

この本でCADといえば，計算機による論理回路の設計支援，すなわちコンピュータによるコンピュータの設計の支援をさす。もっと簡単にいえば，プログラムで書いた論理回路の仕様から，コンピュータによってLSIの設計データを作成することである（この過程が完全に自動化されたものを，Design Automation (DA) という）。

CADは巨大なプログラムと巨大なライブラリデータ群からなる複合的なソフトウェアである。その概要を以下に示す。

（1） 仕様記述の支援

ハードウェア記述言語（hardware description language, HDL）とそのコンパイラ。仕様記述には，「入出力動作を記述するだけ」から，「ゲートレベルの記述」まで，いくつかのレベルがある。HDLはそれぞれのレベルに対応できるように作られている。ゲートレベルの記述の場合，ドローイングソフトがついていて，MIL記法で入力できるものが一般的である。

（2） 論理合成

HDLで記述された状態遷移から論理回路を合成するソフトウェア。

（3） レイアウト

LSI上の配置・配線を行うソフトウェア。

（4） 検証

論理回路が目的とする動作をするかどうかを試験・検証するソフトウェア。数学的・網羅的に検証する方法と，シミュレーションによる方法がある。後者の目的のためのシミュレータは，CADシステムの中でも中心的なソフトウェアである。シミュレーションは，論理動作を検証するための論理シミュレーション（logic simulation）と，目標動作速度の達成を検証するための遅延シミュレーション（delay simulation）の2段階からなる。さらに消費電力のシミュレーションなども行われる。

また，テストパターン生成プログラムなども，検証のためのソフトウェアである。

（5） ツール群

設計・検証を容易にするためのGUI（Graphic User Interface），コンピュータの画面上で論理動作や波形を可視化して見せるツールなど。設計の効率はツール群の利便性によるところが大きい。

(6) 設計データベースシステム

遅延データ・標準回路ライブラリなどの設計データからなるデータベースと，その効率的な格納，検索，更新を行うデータベースシステム。

ディジタル LSI の設計者は，HDL で仕様を記述し，これをコンパイルして論理回路を求め，シミュレーションなどによって検証し，自動配置・配線プログラムを使って LSI 上に写像する。さらに遅延シミュレーション，電力シミュレーションを行って目標性能・目標消費電力の確認をした後，半導体工場に設計データを渡せば，求める LSI が作られることになる。このように，実際の論理回路の設計・製作の大きな部分はコンピュータの上でプログラムを書き，これを走らせて検証する作業となっている。

演習問題 8

8.1 図 8.17 の回路は，NAND の動作をすると期待されるが，実際にはそうならない場合がある。それはなぜか。

　　［ヒント］ダイオードは順方向の電流が流れたときも，完全な導体として動作するのではなく，両端には一定の電位差がある。

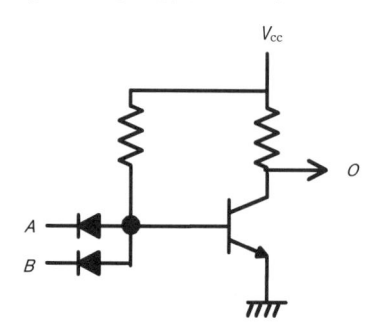

図 8.17 NAND 回路：失敗例

8.2 ファンアウトの計算には，単位負荷の概念を使う。たとえば，ファンアウトが 10 の素子を使ったとき，その出力には負荷 1 の素子を 10 個つなげられる。

　いま，ファンアウト 1 の出力端子にドライバ素子(同じ信号を増幅するだけの回路)をつなげて，ファンアウト $F(F \gg 1)$ を実現したい。

　ここで，ドライバ素子の遅延 d は，ファンアウト f に比例し，入力負荷 L に反比例するとする。すなわち $d = K \cdot (f/L)$ (K は定数) とする。

　たとえば，入力負荷 1 のドライバ素子がファンアウト f の出力を得ようとすると，そのドライバ素子の遅延は，上記の式から $K \cdot f$ となる。

ファンアウトの大きなドライバを実現するときには，一般に入力負荷1でファンアウトfのドライバ素子を1段目に，入力負荷fでファンアウトf^2のドライバ素子を2段目に，…というようにして，最後にファンアウトFの素子を$\log_f F$段目に，とドライバを直列につなげて徐々に駆動能力をあげていく方式が考えられる。

この方式をとった場合，全体としてもっとも遅延の短い構成のfの値はどうなるか。

8.3 CMOSによるNOR回路の回路図を描け。

8.4 2ビット加算器をPLAを使って実現したい。PLAのパターンを図示せよ。

9.
メモリ

9.1 メモリとは

　メモリ(memory, 記憶回路)とは,文字通り,2進数を記憶する回路のことである。5章で学んだフリップフロップは1ビットを記憶する回路であり,レジスタは N ビットを並列して記憶する回路であった。これらもメモリである。

　ふつうメモリとは,アドレス(address, 番地)を使ってアクセスする記憶装置のことをさす。メモリの重要な機能として,次の二つがある。

（1）　リード(read, 読み出し)

　　　与えられたアドレスに記憶されているデータを読み出す。

（2）　ライト(write, 書き込み)

　　　与えられたアドレスに与えられたデータを書き込む。

　図9.1にメモリの一般的な構成を示す。

　メモリは,アドレス線 $A_{n-1}\cdots A_1 A_0$ と制御線(図9.1ではチップ選択信号とリード/ライト選択信号)を入力線(単方向)としてもち,データ線 $D_{p-1}\cdots D_1 D_0$ を入出力線(双方向)としてもつ。アドレス信号は,まずデコーダ(4.5節参照)によってデコードされ,対象とするメモリの語(word, ワード)を指定する信号となる。いま,1語が p ビットからなるとすると,この信号によって特定された語が操作の対象である。

　メモリの本体は,論理的には,セルとよばれる1ビットの記憶素子を2次元に並べたものであり,ここにデータがたくわえられる。

　いま,リード/ライト選択信号がリードを指示したとき,アドレスによって指定された1語のデータ(p ビット)が,データ線の上に出力される。リード/ライト選択信号がライトを指示したとき,アドレスによって指定された1語の

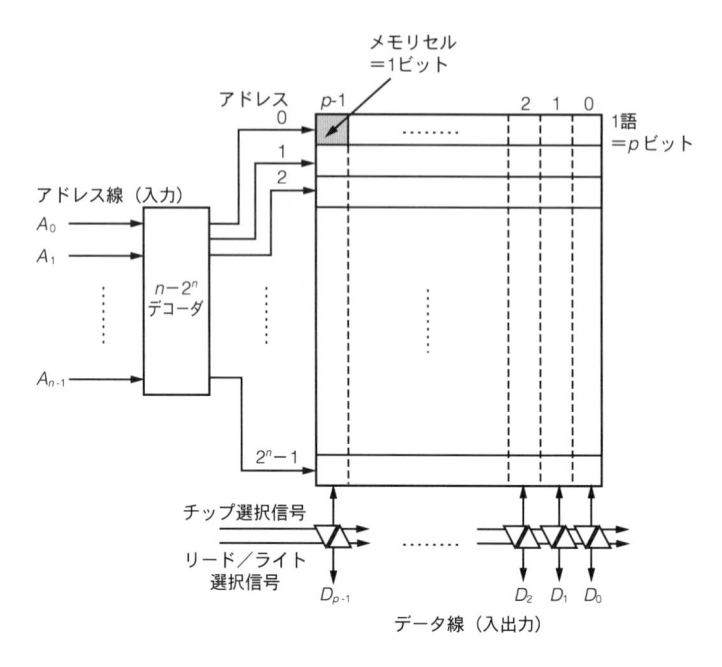

図 9.1 メモリの構成

データが，データ線から対象とする p 個のメモリセルに書き込まれる．

メモリは，読み出しだけができる ROM と，読み書きの両方ができる RAM に分かれる．RAM はさらに，セルがフリップフロップによってできている SRAM と，セルが電荷の蓄積によって実現される DRAM に分類される．以下，それぞれについて説明していく．

9.2 ROM

ROM は Read Only Memory の略であり，その名の通り，読み出しはできるが書き込みはできないメモリである．書き込みができない，といっても，それは，プロセッサの通常の書き込み命令によっては書き込めない，という意味であって，あらかじめ別の手段で書き込んでおくことによって，必要なデータを随時利用することができる．

9.2 ROM

9.2.1 ROMの構成

　メモリの中身がハードウェア設計時にわかっていて，二度と消去・書き換えを行わなくてよい場合には，ROMは「アドレスを入力，データを出力とする組合せ論理回路」として作ることができる．この方法は，ゲート段数を最小化できるなどの利点はあるが，メモリの中身が1ビット変わるだけでゼロから設計を直さなければならず，また，回路のレイアウト上の規則性も失われるので，大規模なROMの場合，かえって低速になるおそれがある．

　一般に，ROMは図9.2のような構成をとる．

　ROMの構成は，図9.1で示された一般的なメモリの構成と同じだが，リード/ライト選択信号はなく，またデータ線は出力だけとなっている．各メモリセルはアドレス線とデータ線の交点の部分となり，ここが選択されているときにダイオード（またはトランジスタ）によってつながれていると1となり，開放しておくと0となる．データ線は，ダイオードの出力のワイヤードORとなっている．

　また，チップ選択信号がオンのときにはデータが出力されるが，オフのとき

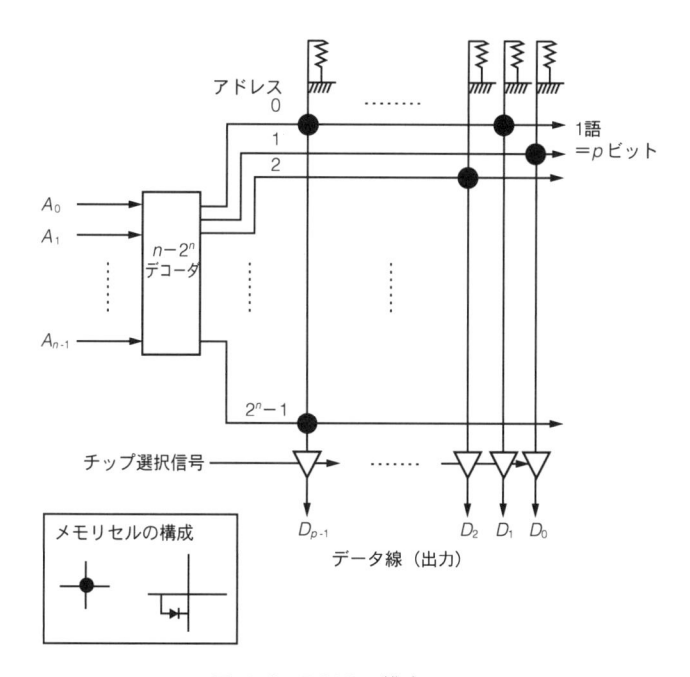

図 9.2　ROMの構成

にはデータ線はすべて高インピーダンス状態となって，データは出力されない。

ROMでアドレスが与えられてからデータが出力されるまでの遅延時間(デコーダ，ダイオード，結線の遅延時間の和)のことを，アクセス時間(access time)とよぶ。

9.2.2 ROMの分類

ROMは，図9.3のように分類される。

ROMは，読み出しの動作はどれも同じである。図9.3の分類は，書き込み・消去のやりかたの差によっている。

マスクROMは，LSIのマスクに，どのセルがオンになっているかをパターンとして書き込んでおくもので，工場から出荷されたときにはメモリの内容が確定しており，以後の消去・書き込みができない。

```
ROM
├─ マスクROM
│   メモリLSI設計時に内容が決まる。ユーザ
│   による消去・書き込みは不可能。
└─ PROM (Programmable ROM)
    ユーザによる消去・書き込みが可能。
    ├─ ヒューズROM
    │   ユーザが一度だけ書き込める。以後の消
    │   去・書き込みは不可能。
    └─ EPROM (Erasable PROM)
        ユーザによる消去・書き込みが何度でも可能。
        ├─ UVEPROM (Ultra Violet EPROM)
        │   紫外線を用いて消去・書き込みを行う。
        ├─ EEPROM (Electric EPROM)
        │   電気的に消去・書き込みを行う。
        └─ フラッシュメモリ (Flash Memory)
            電気的に消去・書き込みを行う。ブロック
            単位の消去・高速書き込みが可能。
```

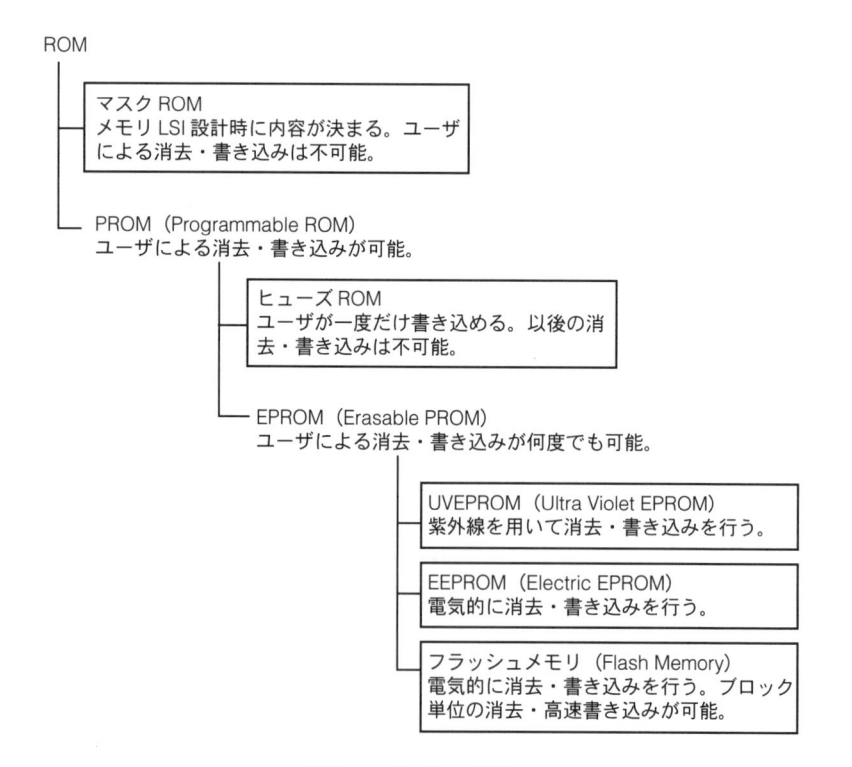

図9.3 ROMの分類

それに対してPROM(Programmable ROM)は，ユーザによる書き込みが可能である．PROMは，さらにヒューズROMとEPROMに分類される．ヒューズROMは，内部の結線を焼き切ることで記憶内容を確定するもので，一度書き込むと，二度と消去・書き込みができない．これに対してEPROM(Erasable PROM)は何度も消去が可能であり，続いて高電圧をかけることで書き込みが可能である．

EPROMはさらに，UVEPROM，EEPROM，フラッシュメモリに分類される．UVEPROM(Ultra Violet EPROM)は，紫外線の照射によって内容の消去が可能なPROMである．パッケージに透明な窓が開いているのが特徴となっている．これに対してEEPROMは電気的に消去可能なPROMである．

フラッシュメモリは，電気的に消去・書き換えが可能なメモリであり，機能的にはEEPROMと同じものである．ただし，消去が8KB，64KBといったブロック単位で行え，書き込みも通常のEEPROMの1000倍といった高速で行えるため，不揮発性の書き込み用メモリとして，ディジタルカメラ，ゲーム機など，広い用途をもっている．

また，近年，FeRAM(Ferroelectric Random Access Memory)という，フラッシュメモリよりさらに高速の書き換えが可能な不揮発性メモリが開発されている．

9.3 SRAM

RAMとは，Random Access Memoryの略であり，読み書きできるメモリのことをいう．ROMに対する用語としては，RWM(Read Write Memory)とよぶのが適切だが，歴史的にRAMとよび慣らされている．

SRAMは，Static RAMの略である．Staticの意味は，9.4節に述べるDRAMと違って，リフレッシュなどをしなくても，電源を供給しているだけでデータが保持される，ということである．SRAMの論理的な構成は図9.1の通りであり，セルの構成は図9.4で表される．

メモリセル(図の破線で囲んだ部分)はフリップフロップと制御回路からなる．アドレス信号によって選択されたセルは，ライトをする場合は，ライト選択とチップ選択のANDによってクロックを立ち上げる．リードをする場合は，リード選択によってデータを出力線に出す．

SRAMはこのように単純な構成・動作であるため，記憶回路の設計が楽で

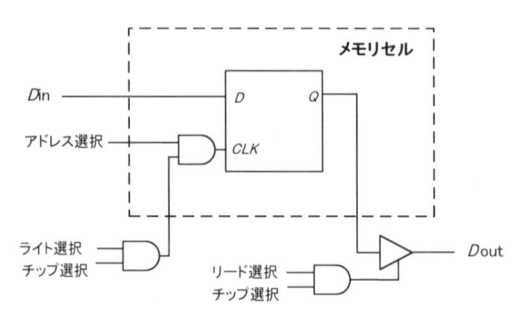

図 9.4 SRAM メモリのセル

あり，動作も DRAM に比べて速いが，一方で DRAM より実装規模が大きい（典型的には4倍）欠点がある．SRAM は，キャッシュや通信用のバッファなど，高速動作が必要な場所に使われる．

9.4 DRAM

DRAM は，Dynamic RAM の略である．SRAM が，電源を切らないかぎりデータを保持し続け，アクセスもアドレス線だけで行えたのに対し，DRAM はデータの保持のためにリフレッシュが必要であり，アクセスも以下に述べるように複雑である．しかし，DRAM は容量が SRAM の4倍以上と大きく，9.4.3項以下で述べる高速化のための工夫も進んでいるため，コンピュータの主記憶などとして，広く使われている．

9.4.1 DRAM セルの構造

DRAM のセルは，一つのトランジスタと一つのコンデンサを図 9.5 のように接続した形が基本である．コンデンサに電荷が蓄えられているときが1を保持している状態であり，電荷が蓄えられていないときが0を保持している状態である．

データの読み出しや書き込みは，アドレス線でセルを選択し，データ線にコンデンサの電荷を乗せたり，データ線からデータを取り込んでコンデンサに電荷を注入したりすることで行われる．

ここで，電荷を取り出したセルは記憶内容が失われるので，データを読み出した後は，再びこれを書き戻さなくてはならない．また，コンデンサの電荷は

9.4 DRAM

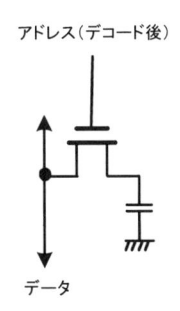

図 9.5 MOS DRAM セル

時間とともに失われていくので，ある時間周期で，これを読み出して書き戻し，ふたたび充電する操作をする．これをリフレッシュ (refresh) という．

9.4.2 DRAM の構成と動作

DRAM は，図 9.6 に示すような構成をとっている．

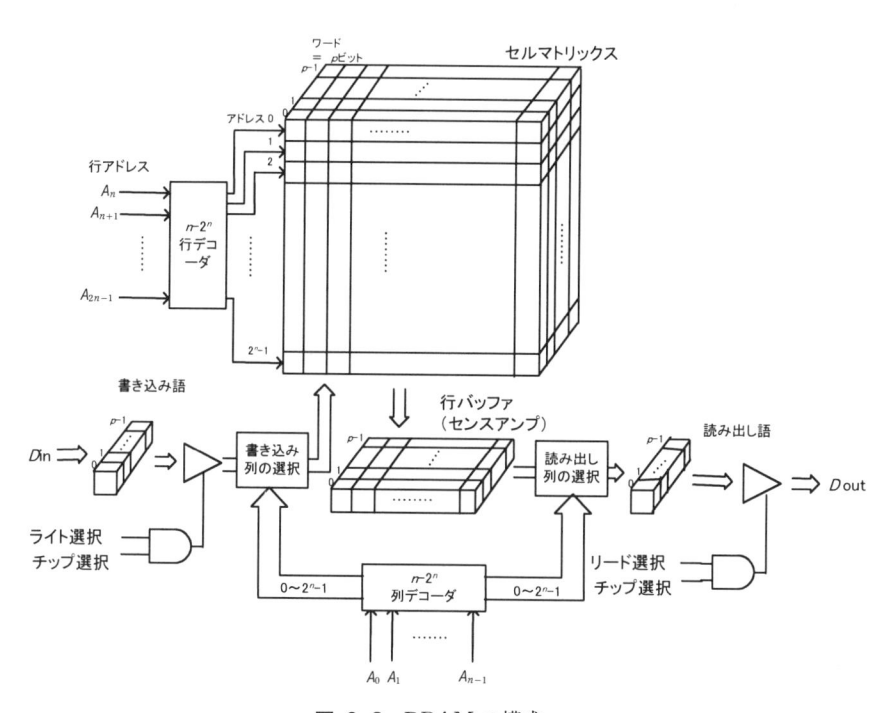

図 9.6 DRAM の構成

いま、アドレスを $A_{2n-1}A_{2n-2}\cdots A_1A_0$ の $2n$ ビットとする。このうち、上位の n ビット $A_{2n-1}A_{2n-2}\cdots A_n$ を行アドレス(row address)、下位の n ビット $A_{n-1}A_{n-2}\cdots A_0$ を列アドレス(column address)とよぶ。DRAM は n 本のアドレス入力しかもっておらず、これを行アドレス、列アドレスと時分割で用いている。

DRAM の動作手順を、図9.7に示すタイミング図をもとに見ていこう。

DRAM では、$\overline{RAS}$(Row Access Strobe) と $\overline{CAS}$(Column Access Strobe) を制御に用いる†。$\overline{RAS}$ は行アクセスを行うことを、$\overline{CAS}$ は列アクセスを行うことを指示する。

DRAM のリードは次の手順で行われる。

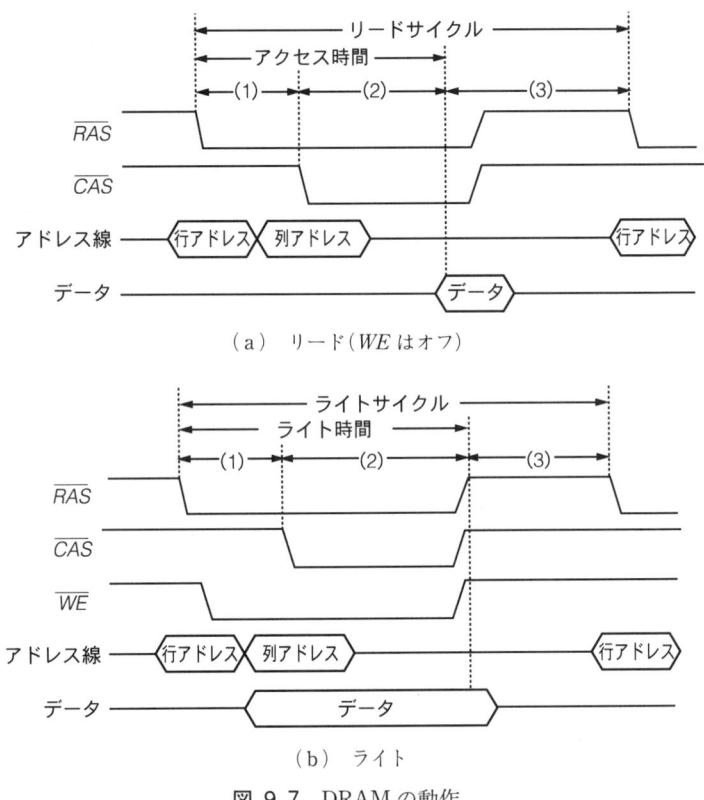

(a) リード(WE はオフ)

(b) ライト

図 9.7 DRAM の動作

---

† これら二つの信号は、低電位のときオンとなる。これをアクティブ・ロー(active low)とよぶ。

9.4 DRAM

(1) メモリにアクセスするプロセッサやメモリコントローラは，$\overline{RAS}$ をアクティブにして，行アドレスをアドレス線に入力する。これによって，行バッファに求める語の入っている行(ページともよばれる)が読み出される。

(2) $\overline{CAS}$ をアクティブにして，列アドレスをアドレス線に入力する。これによって，行バッファの中から読み出す列の語が選び出される。

(3) 求める語を読み出す。同時に，データを読み出したセルに再び同じデータを書き戻す。$\overline{RAS}$ と $\overline{CAS}$ を倒す。

ここで，$\overline{RAS}$ がアクティブになってから正しいデータが出てくるまでの時間をアクセス時間とよぶ。また，$\overline{RAS}$ がアクティブになってから再び $\overline{RAS}$ をアクティブにするまでの時間のことをリードサイクル時間(read cycle time)とよぶ。

次に DRAM のライトの手順を示す。

(1) メモリにアクセスするプロセッサやメモリコントローラは，$\overline{RAS}$ をアクティブにして，行アドレスをアドレス線に入力する。信号 $\overline{WE}$ をアクティブにする。

(2) $\overline{CAS}$ をアクティブにして，列アドレスをアドレス線に入力する。入力された語が，選択された行・列のセルに書き込まれる。

(3) $\overline{RAS}$ と $\overline{CAS}$ を倒す。

ここで，$\overline{RAS}$ がアクティブになってからデータが書き込まれるまでの時間をライト時間とよぶ。また，$\overline{RAS}$ がアクティブになってから再び $\overline{RAS}$ をアクティブにするまでの時間のことをライトサイクル時間(write cycle time)とよぶ。

9.4.3 高速ページモード

前項で述べた DRAM 動作では，1語のデータにアクセスするのに長い時間(プロセッサのクロック周期の10倍以上)が必要であった。

もう一度，DRAM の動作を振り返ってみよう。いま，連続する2度以上のメモリアクセスが，すべて同じ行アドレスの語を対象としていたとしよう。そのときは，行アクセスは最初の一度でよく，データの書き戻しは最後に一度行えばよい。最初の1語のアクセスには時間がかかるが，二番目の語からは，すでに行バッファに読み出された語が操作対象となるため，列アドレスのセットだけでアクセスが行え，高速となる。このやりかたを，高速ページモード

(fast page mode, FPM)のアクセスとよぶ。

　ふつうのプログラムの実行では，データのアクセスには空間的な局所性がある。たとえば，プロセッサが DRAM にアクセスする場合は，ほとんどがキャッシュラインのスワップを行うときであり，32バイト以上の単位でデータの読み書きがなされる。したがって，1語32ビットの場合，8度の連続アクセスがなされることになって，高速ページモードが有効に使える。また，画像データなどは，ふつうデータに連続性・局所性があるので，通常は高速ページモードで動いていることになる。

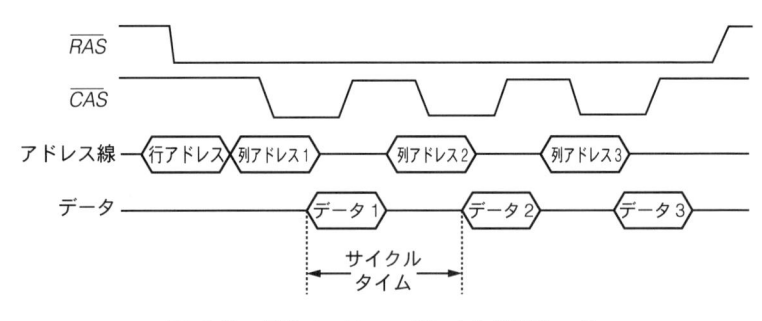

　高速ページモードによる連続リードのタイミング図を図9.8に示す。

　高速ページモードでは，$\overline{RAS}$ をアクティブにしたあとは，$\overline{CAS}$ と列アドレスの操作だけでデータのアクセスが行える。これによってアクセス時間を半分近くにまで減らすことができる。

図 9.8　高速ページモードによる連続リード

9.4.4　シンクロナス DRAM(SDRAM)

　高速ページモードの DRAM は，広く一般に使われてきたが，$\overline{RAS}$, $\overline{CAS}$ という非同期のレベル信号の生成がやっかいなため，高速化に限界があった。これを解決するために，メモリ動作をクロックに完全に同期させて行い，さらに連続する操作をパイプライン化することで高速化をはかったものがシンクロナス DRAM(Synchronous DRAM, SDRAM)である。

　シンクロナス DRAM の動作を，図9.9に示す。

　シンクロナス DRAM では，動作はコマンドの形で与えられる。すべての動作はクロック信号に同期しており，コマンドとアドレスを与えてから決まったクロック数の後に，データが読み書きされる。リードの場合，列アドレスが与

9.4 DRAM

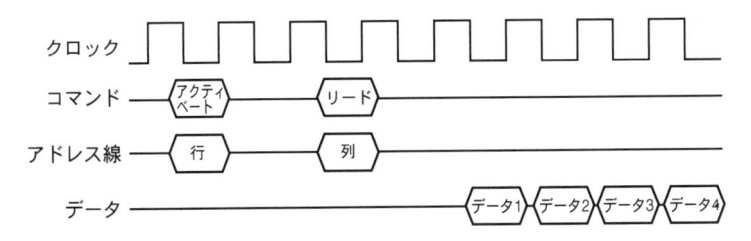

```
クロック    ‾|_|‾|_|‾|_|‾|_|‾|_|‾|_|‾|_|‾
コマンド    ―――〈アクティベート〉――〈リード〉――――――――
アドレス線  ―――〈 行 〉――〈 列 〉――――――――
データ      ――――――――――――〈データ1〉〈データ2〉〈データ3〉〈データ4〉
```

図 9.9 シンクロナス DRAM の動作

えられてから 2～3 クロック後にデータが出始めるのが一般的である。データは，コマンドに応じて複数回連続してリードまたはライトされる。$\overline{CAS}$ の上げ下げのような操作は不要である。

図には現れていないが，コマンドは，メモリの動作とオーバラップして先行して発行することができる。すなわち，図 9.9 で次の操作のアクティベートやリードのコマンドは，データ出力の間にも（その前にも）発行することができるため，異なる行のデータの読み書きも連続して行えるようになり，1 語/クロックに近いデータの読み書きが可能となった。このことによって，高速ページモードの DRAM の数倍から 10 倍近い性能向上が得られた。

さらに，シンクロナス DRAM を，クロックの立ち上がりと立ち下がりの両方で動作させることで 2 倍の動作速度を実現する DDR SDRAM（Double Data Rate SDRAM）が広く利用されるようになっている。

9.4.5 RDRAM

RDRAM は，Rambus DRAM の略である。

シンクロナス DRAM を含む従来の DRAM を用いた場合，多数のデータ線を枝分かれして基板上に張る構成をとらざるをえず，高速動作に限界がある。そこで，データ幅を狭く（8 ビットなど）し，メモリモジュールを枝分かれなく直列に接続して信号の乱れを防ぎ，さらにメモリチップ内のセルをバンクにわけて並列化して，シンクロナス DRAM の数分の一のクロック周期で高速なデータ転送を行えるようにしたものが RDRAM である。

9.5 メモリの使いかた

9.5.1 メモリチップの接続

一般にメモリは，小さい容量のメモリチップを複数組み合わせ，全体として大きな容量の主記憶として使われる．よって，多数のメモリチップがバスの上に接続される．バスはワイヤードORの線路であり，一つの線に対して1個のICチップだけがデータを出力するように設計されなければならない．

そのため，複数のメモリチップを目的にあわせてつなぐ必要がある．そのつなぎ方について検討してみる．

図9.10に，8M×8ビットのSRAMの入出力線を示す(電源，グラウンドなどは省略してある)．図で，$\overline{CS}$ はチップ選択信号(アクティブ・ロー)を，$\overline{WE}$ は書き込み可能信号(アクティブ・ロー)のことである．これを使って32M×32ビットのメモリを実現することを考えよう．

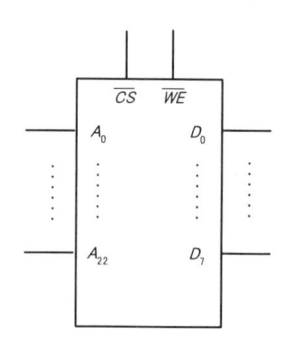

図 9.10 SRAMの入出力線

まず，32ビットの語を実現するためには，図9.10のSRAMを横(語方向)に4個並べる必要がある．次に，32Mのアドレス空間を実現するためには，同じDRAMを縦(アドレス方向)に4個並べる必要がある．したがって，DRAMチップは 4×4=16 個必要となる．

次に，入出力線のうち，データ線と $\overline{WE}$ は全部のチップのものを直接つないでおく．

最後にアドレスの振り分けであるが，25ビットのアドレス線のうち，下位23ビットはそのまま全DRAMチップのアドレス入力とする．上位2ビットは，デコードして各チップの選択のために使う．

このようにして，図9.11の回路を得る．

9.5 メモリの使いかた

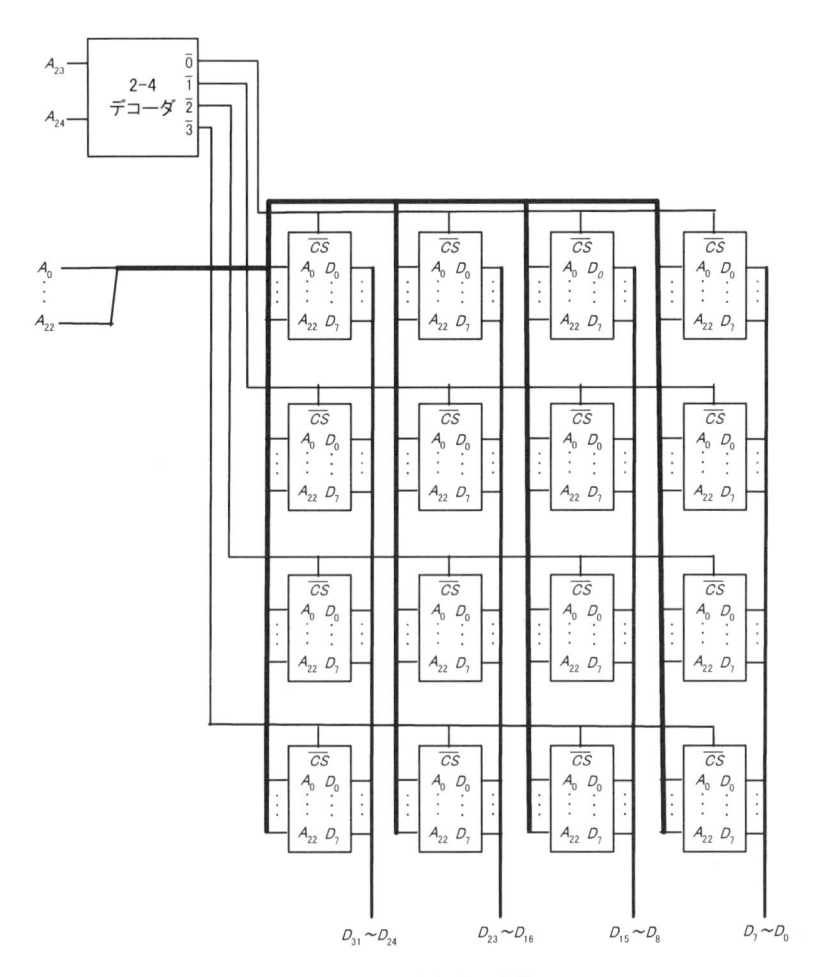

図 9.11 大規模記憶の実現

9.5.2 メモリによる組合せ回路の実現

9.2.1項の最初で，ROMは「アドレスを入力，データを出力とする組合せ論理回路」で実現可能であることを述べた．逆に，すべての組合せ回路は，「入力をアドレスに与え，出力をデータとするメモリ」で実現される．このとき，メモリの中身は，真理値表そのものとなる．

たとえば，例3.2(3.1節)の多数決論理の回路を，メモリで実現することを考えよう．

表 9.1 多数決論理を実現する
メモリの内容

アドレス ($A_0 A_1 A_2$)	データ
0 0 0	0
0 0 1	0
0 1 0	0
0 1 1	1
1 0 0	0
1 0 1	1
1 1 0	1
1 1 1	1

まず，8ビットのメモリを用意し，そのアドレス線$A_0 A_1 A_2$とする．アドレス入力は，A_0にXの値，A_1にYの値，A_2にZの値とする．メモリの値は，MAJORの値を上から順番に入れる．すなわち，0番地には0，1番地には0，…，6番地に1，7番地に1，とする(表9.1)．こうすれば，この小さなメモリは，多数決論理を実現する組合せ論理回路と等価な働きをする．

メモリを用いて組合せ回路を実現することには，実装規模や遅延が大きくなるなどの欠点がある．一方で，設計が簡単で機械的にできる，RAMを用いた場合あとから修正が効く，などの利点がある．そのため，現実に商用プロセッサの中の演算回路(浮動小数点演算など)を一部メモリで置き換えているものもある．

演習問題 9

9.1 現時点で，汎用パーソナルコンピュータの主記憶としてもっともよく使われているRAMの種類，動作原理，動作速度，1チップあたりの記憶容量を調べてみよ．できれば，なぜそれが使われることになったのか，理由を調査せよ．

9.2 フラッシュメモリ(とFeRAM)がもし開発されていなかったら，ディジタルカメラなどの記憶装置はどのようなものになっていたと考えられるか．

9.3 DRAMチップ(シンクロナスDRAM，RDRAMではないふつうのDRAM)を複数用いてアドレス空間を広げるときには，SRAMでは不要だった注意が必要である．それは何か，考えてみよ．

9.4 メモリを使って，3章の演習問題3.4の解を求めよ．

10.
ディジタル回路からコンピュータへ

ディジタル回路の最大の応用例は，いうまでもなくコンピュータ(electronic computer, 電子計算機)である．この章では，ディジタル回路の設計者から見たコンピュータについて述べる．といっても，コンピュータの構成を網羅的に述べたり，命令セットを調べたり，高速化のための手法やメモリ階層などについて論じたりするのではなく，単純に論理回路としての命令実行のサイクルとこれを実現する構造について，その概要を述べるにとどめる．

10.1 コンピュータとは

計算機とは，入力データに対してユーザの望む出力データを出す機械である．コンピュータは，データをいったん電気信号に変換し，これに望む操作を加え，結果を電気信号の形で出し，さらにユーザにわかる形にこれを変換する計算機である．

現在使われているコンピュータは，2進数を使うディジタル型であり，プログラム(program)をデータの形でメモリに格納し，これを読み出しては解釈実行するフォンノイマン(von Neuman)型である．

このような機械は，順序回路として作ることができる．すなわち，コンピュータ全体を7章で述べた順序回路の構成法で作ることが，原理的には可能である．しかし，これは複雑すぎて現実的ではない．コンピュータをいくつかの基本ブロックに分けて個々のブロックを設計し，全体として望む動作をするように調整してやるのが唯一可能なやりかたである．

以下では，もっとも基本的な機能ブロックであるALUからボトムアップ的にコンピュータの構成・動作を概観してみよう．

10.2 ALU と演算サイクル

演算回路で基本となるのが，4.4節で述べた ALU (Arithmetic Logic Unit) である。ALU は，加減算，AND，OR，NOT などの演算を行う回路である。ALU は組合せ回路であり，ふつう二つの N ビット ($N=8, 16, 32, 64$ など) 入力と一つの N ビット出力をとる。ALU はそのままでは，入力値も出力値も保持できないので，ふつう，前後にレジスタ (5.9節参照) をつける。レジスタとして，ここでは同期式の D フリップフロップを並列に並べたものを使うとする。

図 10.1 にこうしてできた演算回路の基本形を示す。図 10.1 で「制御信号 (control signal)」は，ALU の動作を決めたり，レジスタに値をとり込むかどうかを決めたりする。

次に，演算に使うデータを格納し，必要に応じてこれを読み出したり，書き込んだりする機構が必要である。いまのコンピュータでは，レジスタファイルというレジスタの集まりでこれを行う。

図 10.2 に一番簡単なレジスタファイルの模式図を示す。レジスタファイルは比較的小さな SRAM (アドレスが 5 から 6 ビット程度) だが，データの出し入れをするポート (port) が最低でも三つついている。このうち二つは読み出しに，一つは書き込みに使われ，三つの動作は同時に行うことができる。このような三つのポートを実現するため，レジスタファイルではデコーダが三つつい

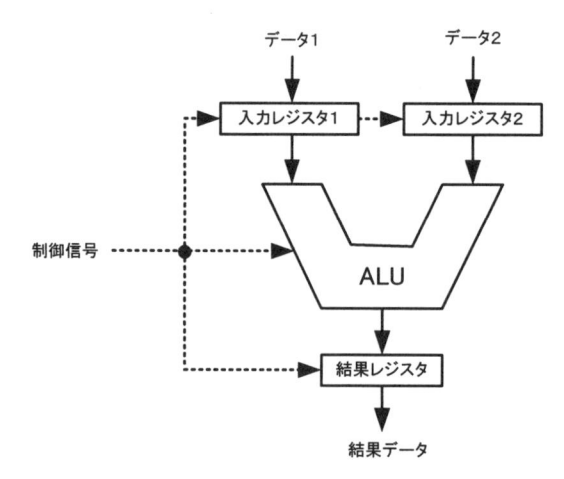

図 10.1 演算回路の基本形

10.2 ALUと演算サイクル　　　　　　　　　　　　　　　　　　　　　　　　181

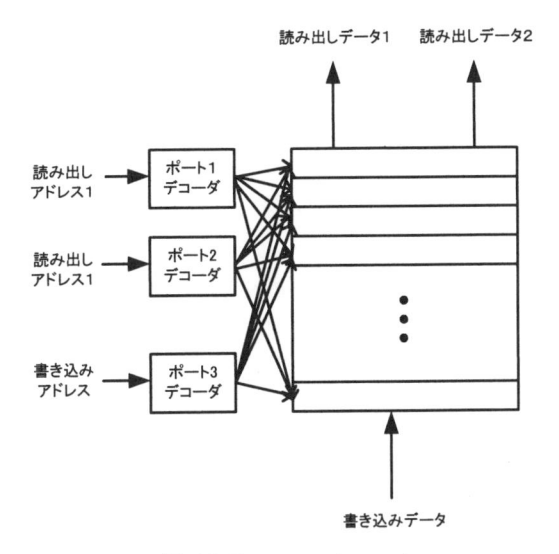

図 10.2　レジスタファイル

ており，各セルへの書き込みデータ線が一つ，読み出しデータ線が二つつながっている。

　レジスタファイルと演算回路は，図10.3のように自然に接続される。

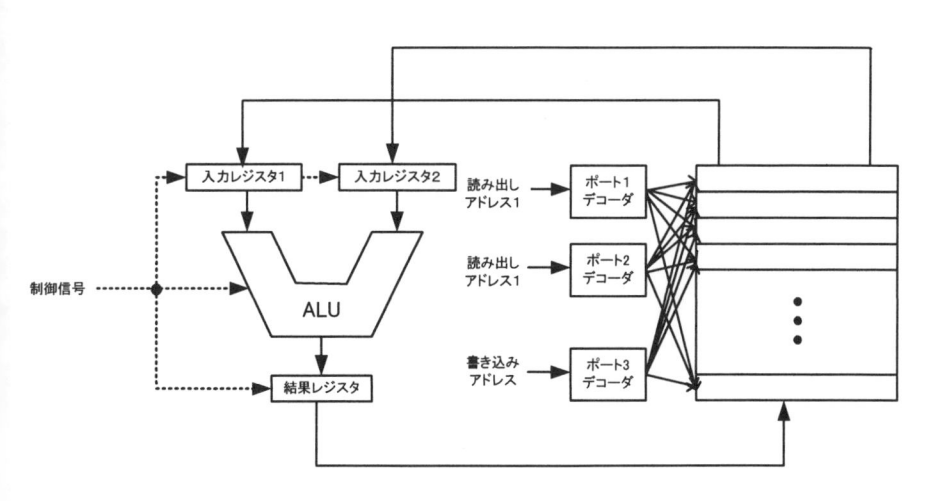

図 10.3　演算回路＋レジスタファイル

10.3 命　　令

図 10.3 で，コンピュータが計算をするときのデータの流れは確保できた。次に問題になるのは，図の「制御信号」と三つのレジスタのアドレスをどうやって生成するのか，ということである。

これらの信号は，「命令」(instruction) とよばれる操作の単位をもとに決められる。現在のコンピュータでは，命令はデータと同様，2 進数の語（命令語，instruction word）で表現される。命令語の長さは普通 32 ビット程度である。

プログラムは命令の集まったものであり，順番に命令を実行することで処理が進められる。具体的には，プログラムはメモリに格納されており，あるプログラムの命令がメモリから順番に読み出され，解釈実行されることで，処理が進行するわけである。

図 10.4 に典型的な命令の例を示す。

最初の命令は，算術論理演算命令 (arithmetic logic instruction) であり，ALU を操作して加算や AND をとる処理を指示する。2 番目の命令は，メモリとレジスタファイルの間のデータのやりとりを指示するメモリ操作命令 (memory instruction) である。3 番目の命令は，次に実行する命令の番地を指定する分岐命令 (branch instraction) である。

| ALU 制御
(+, −, AND, OR, …) | 入力レジスタ1 | 入力レジスタ2 | 出力レジスタ |

出力レジスタ ← 入力レジスタ1 ＋ 入力レジスタ2

（a）算術論理演算命令

| メモリ操作
(読み出し, …) | レジスタ | アドレス |

レジスタ ← メモリの「アドレス」番地の内容

（b）メモリ操作命令

| 分岐操作
(ジャンプ, …) | アドレス |

次の命令番地 ←「アドレス」

（c）分岐命令

図 10.4　命令の例

10.4 命令実行のしくみ（1）——算術論理演算命令の実行——

図10.5に，命令実行のしくみを入れたコンピュータの中枢部を示す。

プログラムの実行は，これを格納したメモリから一つの命令を読み出すことから始まる。この命令読み出しの操作を「命令フェッチ」(instruction fetch)とよぶ。フェッチされた命令は，命令レジスタ(instruction register)とよばれるレジスタに入れられる。

次に，命令レジスタに入った命令を解釈（デコード，decode）する。ここでは，「＋」という命令のコードを解釈して，ALUを適切に動作させるような信号生成を行う。命令デコーダがこれを行うが，その基本は4.5節で述べたものである。デコードと同時にレジスタファイルから演算に使われるレジスタの値が読み出され，入力レジスタに格納される。

さらに次には，命令が実行される。ここでは，「＋」という演算がALUによって実行され，結果が結果レジスタに入れられる。

最後に命令の実行結果の値が，結果レジスタからレジスタファイルに格納される。このとき，結果を格納するレジスタファイルのアドレスは，命令の中の「出力」で指定されている。

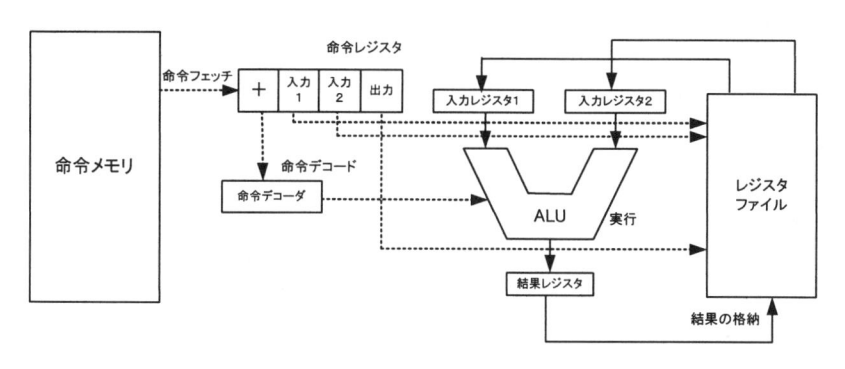

図 10.5　命令実行のしくみ

10.5 命令実行のしくみ（2）——メモリ操作命令——

メモリ操作命令も基本的な手順は算術論理演算命令と同じで，命令フェッチ，デコード，実行，結果格納の順で操作が行われる。メモリ操作命令の特徴は，番地を指定してメモリを読み書きするところにある。図10.6にメモリ操

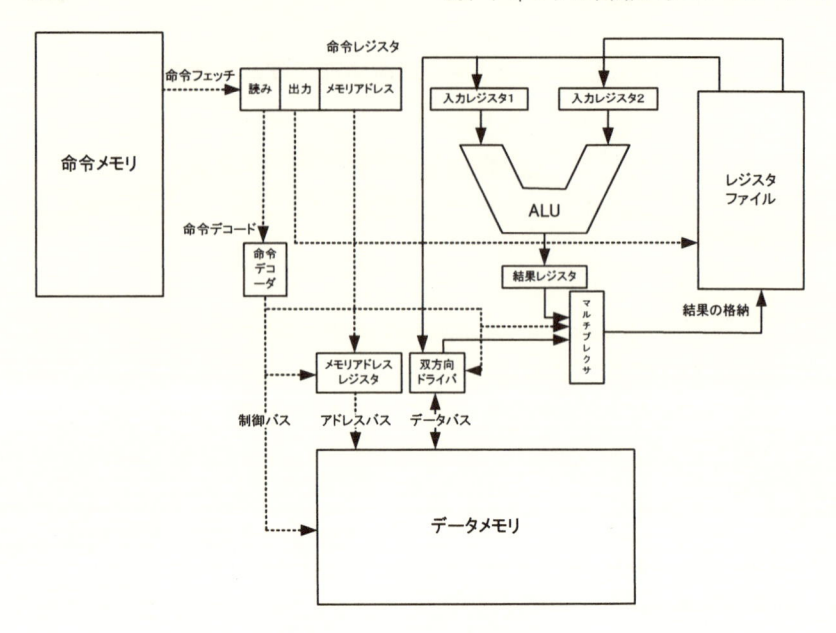

図 10.6　メモリ操作命令の実行

作命令を実行するしくみを示す．

ここではメモリからのデータ読み出しを行う手順について説明する．デコードが終了したとき，メモリ操作命令では，メモリアドレスレジスタに読み出すべきメモリ語の番地が格納される．次に，この番地がアドレスバスに出力され，さらに制御バスに「読み」「書き」などの情報が出力される．データメモリはこれらを見て，対象となるメモリ語の中身を読み出し，データバス上に出力する．これを受け取った操作側は，レジスタファイルのレジスタ(命令の「出力」フィールドで指定されている)にこれを格納する．

10.6　命令実行のしくみ(3)——シーケンサと分岐命令——

10.5節までででは，算術論理演算命令とメモリ操作命令の実行のしくみについて述べた．これに加えて重要な命令が分岐命令である．

分岐命令の説明をする前に，「次に実行する命令の番地を決めることで命令の実行順序を決める」機構について述べなければならない．この機構を，シーケンサ(sequencer)という．

10.6 命令実行のしくみ(3)──シーケンサと分岐命令──

図 10.7 にシーケンサを加えたコンピュータの構成図を示す。

命令番地は，プログラムカウンタ (Program Counter, PC) とよばれるカウンタに保持される。プログラムカウンタはレジスタとしての機能の他に，(その名の通り) アップカウンタ (6.2 節, 6.3 節参照) として動作し，通常のときは，いまフェッチした命令の次の命令番地を格納することになる。

分岐命令が実行された場合，プログラムカウンタには，分岐先の番地が入る。したがってシーケンサは，プログラムカウンタに 1 を加えるか，分岐先の番地を入れるか，の選択をする回路だといってもよい。

図 10.7 でコンピュータの中核部がほぼ描かれている。

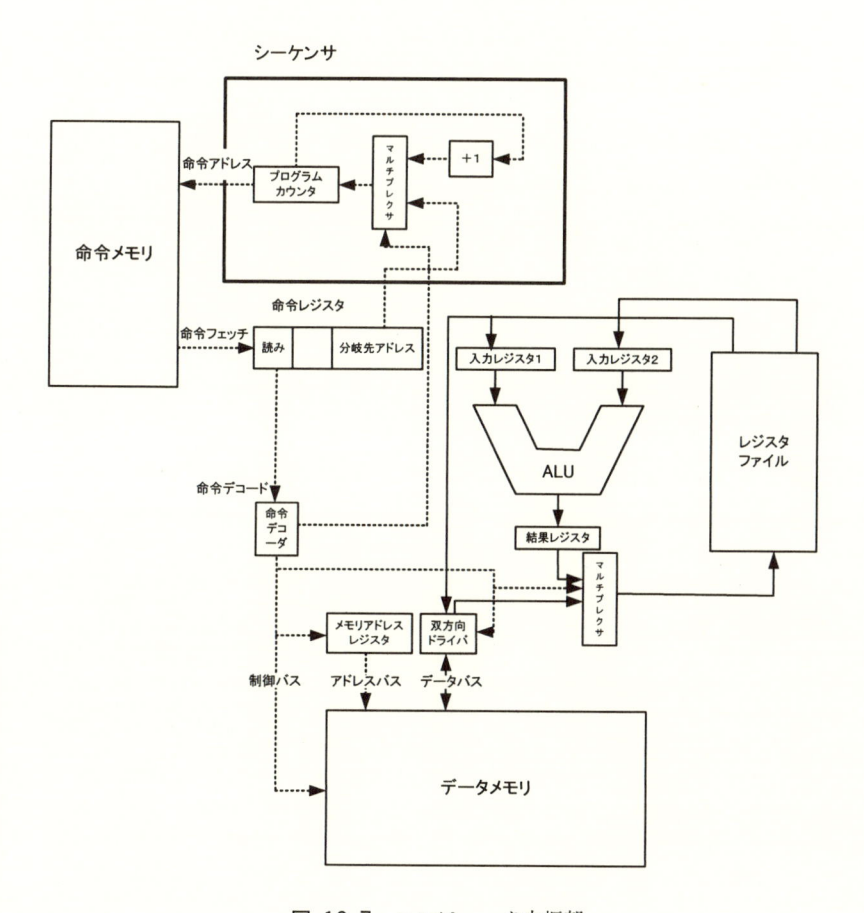

図 10.7　コンピュータ中枢部

10.7 マイクロプロセッサ

コンピュータの中枢である中央処理装置(Central Processing Unit, CPU)は，現在，マイクロプロセッサとよばれる VLSI(Very Large Scale Integration)チップの上に実現されている．図 10.7 でいえば，命令メモリ・データメモリを除いた部分はすべてマイクロプロセッサに含まれる．

実際にはマイクロプロセッサには，キャッシュとよばれる高速メモリ，乗算器，浮動小数点ユニットなど，多くの巨大な回路が組み込まれている．また，一般にフェッチ，デコード，実行，結果格納の各段階を，複数の命令でオーバラップして用いる処理，すなわちパイプライン処理(pipeline processing)が行われている．さらに，チップ内で複数の ALU を並列に動かす機構なども普通に入れられるようになった．

コンピュータは，外界との入出力の手段がなければ，何もすることができない．キーボードやマウス，音声認識装置，インターネット，補助記憶装置など，多くの入出力装置とのインタフェースをとる回路が，さらに必要となる．インタフェース回路は，バスに接続する形などで実現される．

コンピュータの基本動作はこれまでのところで述べたものだが，高速化・効率化のための技術はすばらしい進歩をとげている．その大きなものは半導体デバイスの集積化技術だが，コンピュータの命令を決めたり構成を最適化したりすることも，重要な技術である．これはコンピュータアーキテクチャ(computer architecture)技術とよばれ，この本の中身を学習し終えた読者が次に学ぶべき技術である．

演習問題 10

10.1 レジスタファイルの大きさを決める要因について考察せよ．
10.2 あるコンピュータで使われるすべての命令の集合を命令セット(instruction set)という．良い命令セットの条件について検討せよ．
10.3 コンピュータにとって，処理速度以外に重要なことを三つ述べよ．

演習問題解答

1章
1.1 アナログ方式の温度計では，温度は連続量として計測される．ふつうはアルコールや水銀が熱膨張するときの体積の増減で表現されるため，直観に訴えやすい．ディジタル方式の温度計では温度は離散値として計測される．測定の最小単位(0.1℃であれば小数点第一位)まで計測できるが，中間値を知ることはできない．後者は数値で表現されているため，AD変換など面倒な手続きなくふつうのコンピュータで処理ができる．

1.2 $101011(2)=43(10)$, $0.11(2)=0.75(10)$, $110.101(2)=6.625(10)$

1.3 $25(10)=11001(2)=19(16)$, $102.5(10)=1100110.1(2)=66.8(16)$, $40.675(10)=101000.101\dot{0}11\dot{0}(2)=28.A\dot{C}(16)$
ただし，上点は循環小数を表す．

1.4 1010で割って，商と余りを出していく．商と余りを10進数に変換して並べ直せばよい．例として，1101101を10進数にしてみる．

$$\begin{array}{r} 1010)\underline{1101101} \\ 1010)\underline{\quad 1010\quad} \cdots 1001 \\ 0001 \quad\cdots\ 0000 \end{array}$$

$0001(2)=1(10)$, $0000(2)=0(10)$, $1001(2)=9(10)$だから，109になる．
　この方法は，演算の回数は少ないが，1010で割る操作が煩雑なため，10進数を2で割っていくやり方ほど簡単ではない．

1.5 例題1.5と同じ計算を1の補数表示で行ってみよう．
(a) 正数＋正数
$\qquad 0011+0010=0101 \quad (3+2=5)$
$\qquad 0011+0101=1000 \quad (3+5 \to$ 桁あふれ$)$
(b) 正数＋負数
$\qquad 0011+1101=\mathbf{1}0000=0001 \quad (3+(-2)=1)$
$\qquad 0011+1010=1101 \quad (3+(-5)=-2)$

（c）負数＋負数
　　　　　　　1100＋1101＝11001＝1010　(−3＋(−2)＝−5)
　　　　　　　1100＋1001＝0101　(−3＋(−6)→桁あふれ)
　　　上からわかるように，加算は次のルールで行えばよい．
　（a）正の数(0を含む)と正の数の加算は，各桁のビットについて表1.3を行い，最上位のビットが1になったら，桁あふれ(オーバフロー，overflow)とみなす．
　（b）X，Yのどちらか一方が負の数で他方が正の数だった場合も，各桁のビットについて表1.3の計算を行う．このとき，最上位ビットの加算が桁上げを起こしたら，これを除き(上の太字の1)，計算結果に1を加える．
　（c）X，Yの両方が負の数の場合も，各桁のビットについて表1.3の計算を行う．この場合，最上位のビットが0となったら，桁あふれとみなす．また，最上位ビットの加算が桁上げを起こしたら，これを除き，計算結果に1を加える．
　　　減算については，1.3.3項同様，加算に置き換えられる．
1.6　1の補数表示はビット反転のみで済むため変換が容易．2の補数表示は，ビット反転のあとで1を加える必要があるため，変換がやや面倒．1の補数表示は，最上位ビットの加算で桁上げがあったときに1を加える補正が必要で，やや面倒．2の補数表示はこのような補正は不要．
1.7　例題によって確かめることが大切だが，概略を抽象的にいうと次のようになる．引き放し法は，基本は通常の除算と同じやりかたであり，引きすぎたときに巻き戻しをせず，一つ下の桁で加算を行う．ここで加算をしても符号が合わない(引きすぎている)場合は，引きすぎが解消するまで次々に下の桁で加算を行う．これによって，「引ける桁までいって一回引いた」ことになる．最後の桁で引きすぎが解消していない場合は，除数を足し戻す必要がある．

2章
2.1　{AND, OR, NOT}が実現されることをいえばよい．
　　{NAND}：
　　　　　NOT(A)＝NAND(A, A)
　　　　　AND(A, B)＝NOT(NAND(A, B))
　　　　　OR(A, B)＝NAND(NOT(A), NOT(B))　　（ド・モルガンの定理）
　　{NOR}：
　　　　　NOT(A)＝NOR(A, A)
　　　　　AND(A, B)＝NOR(NOT(A), NOT(B))　　（ド・モルガンの定理）
　　　　　OR(A, B)＝NOT(NOR(A, B))
2.2　2.1より，{NAND}の実現を示せばよい．これは，次式から明らかである．
　　　　　　　NAND(A, B)＝MINOR$(A, B, 0)$
2.3　・交換法則：真理値表を書いて証明する(次表)．

演習問題解答

X	Y	$X \cdot Y$	$Y \cdot X$	$X+Y$	$Y+X$	$X \oplus Y$	$Y \oplus X$	$X \odot Y$	$Y \odot X$
0	0	0	0	0	0	0	0	1	1
0	1	0	0	1	1	1	1	0	0
1	0	0	0	1	1	1	1	0	0
1	1	1	1	1	1	0	0	1	1

・結合法則

上と同様、厳密には真理値表を書いて確認するのが良いが、ここではそれぞれの演算の意味を考えることで確認する。

$(X \cdot Y) \cdot Z$ と $X \cdot (Y \cdot Z)$ はともに「X, Y, Z のすべてが1のときに1を出力し、他の場合は0を出力する論理関数」であり、同じものなので、結合法則が成り立つ。

$(X+Y)+Z$ と $X+(Y+Z)$ はともに「X, Y, Z のうちどれか一つ以上が1のときに1を出力し、他の場合は0を出力する論理関数」であり、同じものなので、結合法則が成り立つ。

$(X \oplus Y) \oplus Z$ と $X \oplus (Y \oplus Z)$ はともに「X, Y, Z のうち奇数個の変数の値が1のときに1を出力し、他の場合は0を出力する論理関数」であり、同じものなので、結合法則が成り立つ。

$(X \odot Y) \odot Z$ と $X \odot (Y \odot Z)$ はともに、「X, Y, Z のうち偶数個の変数の値が0のときに1を出力し、他の場合は0を出力する論理関数」であり、同じものなので、結合法則が成り立つ。

2.4 多入力素子は、MIL記法では2入力素子とほとんど同じように記述されるが、必要なトランジスタ数、ファンインがともに大きく、実装面積、電力、前段の素子の出力などが大きくなってしまう点に注意が必要である。

2.5 (1) MINOR$(X, Y, Z) = \sum(0, 1, 2, 4)$

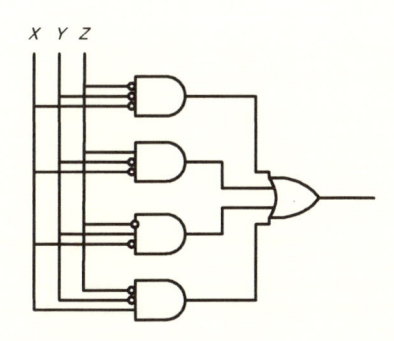

(2) $(\overline{X_0} + \overline{X_1} + \overline{X_2} + X_3) \cdot (\overline{X_0} + X_1 + X_2 + \overline{X_3}) \cdot (X_0 + \overline{X_1} + X_2 + \overline{X_3})$
$= \sum(0, 1, 2, 3, 4, 5, 6, 8, 11, 12, 13, 14, 15)$

2.6 (1) MINOR$(X, Y, Z) = \prod(3, 5, 6, 7)$

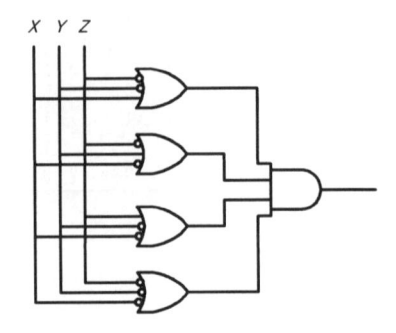

(2) $\overline{X_0}\cdot\overline{X_1}\cdot\overline{X_2}\cdot X_3+\overline{X_0}\cdot X_1\cdot X_2\cdot\overline{X_3}+X_0\cdot\overline{X_1}\cdot X_2\cdot\overline{X_3}$
$=\prod(0,1,2,3,4,7,9,10,11,12,13,14,15)$

3章

3.1 $\sum(0,1,5,6,7)=\overline{X}\cdot\overline{Y}+\overline{Y}\cdot Z+X\cdot Y$

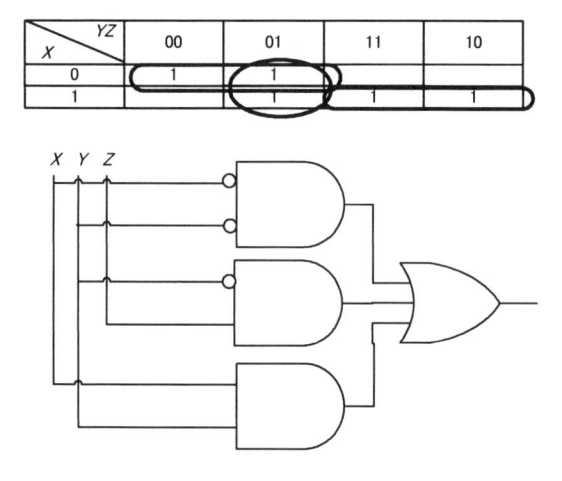

X\YZ	00	01	11	10
0	1	1		
1		1	1	1

$\sum(0,1,2,3,5,7)=\overline{X}+Z$

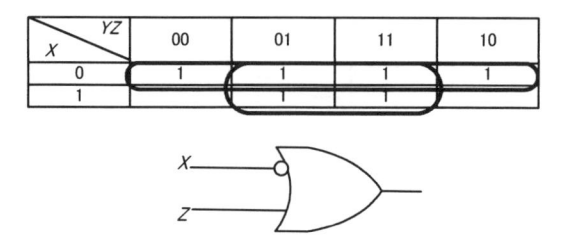

X\YZ	00	01	11	10
0	1	1	1	1
1		1	1	

演習問題解答

$\sum(0, 1, 2, 4, 7) = \bar{X}\cdot\bar{Y} + \bar{X}\cdot\bar{Z} + \bar{Y}\cdot\bar{Z} + X\cdot Y\cdot Z$

X \ YZ	00	01	11	10
0	1	1		1
1	1		1	

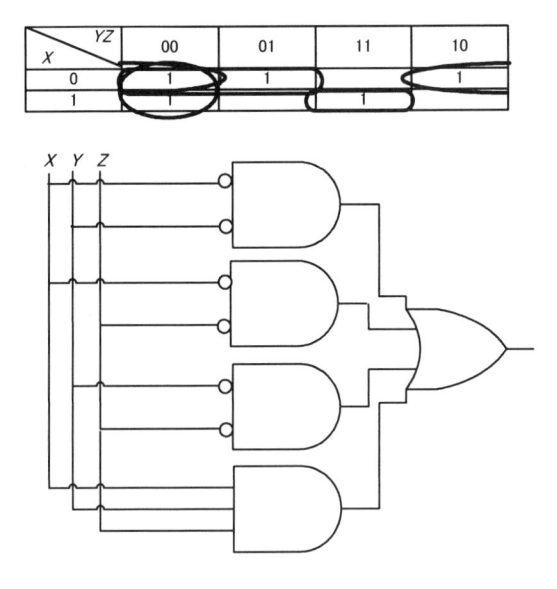

3.2 $\sum(0, 1, 5, 7, 8, 10, 14, 15) = \bar{X}\cdot\bar{Y}\cdot\bar{Z} + \bar{X}\cdot Y\cdot W + X\cdot Y\cdot Z + X\cdot\bar{Y}\cdot\bar{W}$

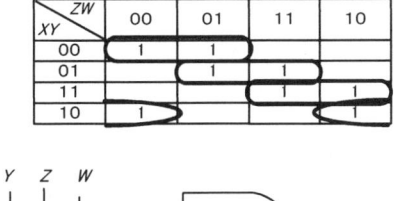

XY \ ZW	00	01	11	10
00	1	1		
01		1	1	
11			1	1
10	1			1

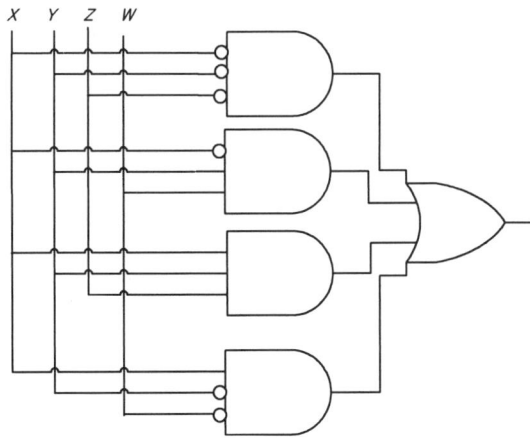

$\Sigma(1,5,6,7,10,12,13,15) = \bar{X}\cdot\bar{Z}\cdot W + Y\cdot W + \bar{X}\cdot Y\cdot Z + X\cdot Y\cdot\bar{Z} + X\cdot\bar{Y}\cdot Z\cdot\bar{W}$

ZW\XY	00	01	11	10
00		1		
01		1	1	1
11	1	1	1	
10				1

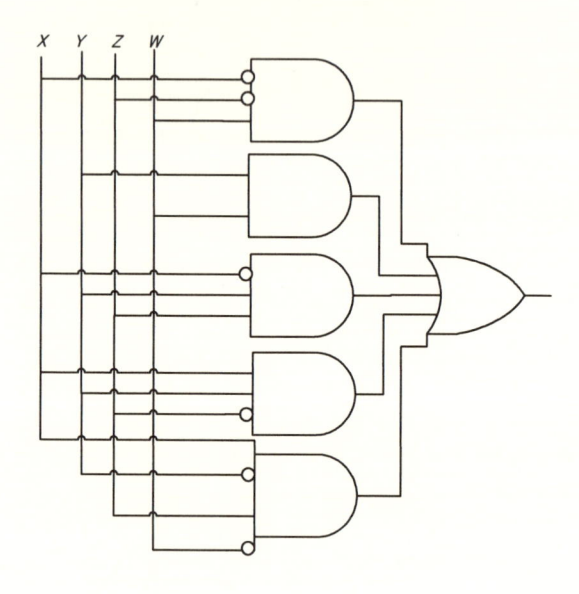

$\Sigma(0,2,8,10,14) = \bar{Y}\cdot\bar{W} + X\cdot Z\cdot\bar{W}$

ZW\XY	00	01	11	10
00	1			1
01				
11				1
10	1		1	1

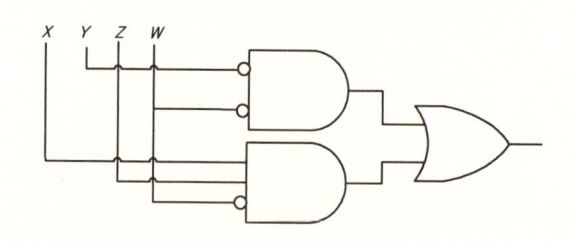

演習問題解答　193

3.3 0以上15以下の数の素数判定：$\bar{X}\cdot\bar{Y}\cdot Z + \bar{X}\cdot Y\cdot W + Y\cdot\bar{Z}\cdot W + \bar{Y}\cdot Z\cdot W$

ZW XY	00	01	11	10
00			1	1
01		1	1	
11		1		
10			1	

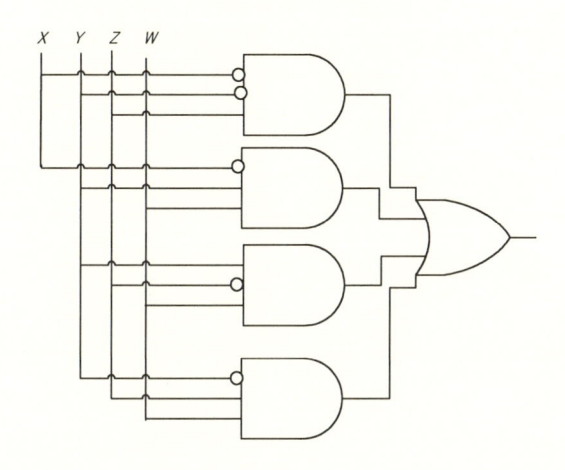

1以上9以下の数の素数判定：$\bar{Y}\cdot Z + Y\cdot W$

ZW XY	00	01	11	10
00	X		1	1
01		1	1	
11	X	X	X	X
10			X	X

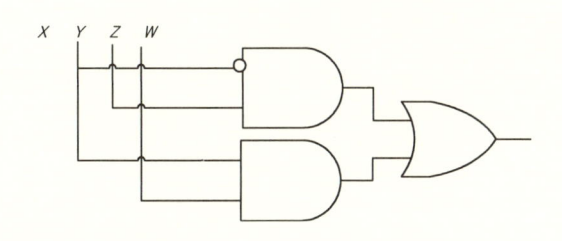

3.4 $A \cdot B + B \cdot C \cdot D + A \cdot C \cdot D$

CD\AB	00	01	11	10
00				
01			1	
11	1	1	1	1
10			1	

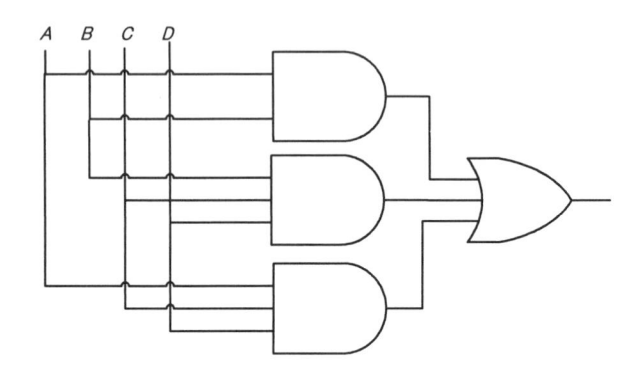

3.5 $P = \sum(2, 5, 6, 7, 13, 15)$, $Q = \sum(2, 6, 10, 11, 14, 15)$, $R = \sum(5, 7, 12, 13, 14, 15)$, $P \cdot Q = \sum(2, 6, 15)$, $Q \cdot R = \sum(14, 15)$, $R \cdot P = \sum(5, 7, 13, 15)$, $P \cdot Q \cdot R = \sum(15)$

ZW\XY	00	01	11	10
00			1	
01		1	1	
11		1	1	
10				

P

ZW\XY	00	01	11	10
00				1
01				
11			1	1
10			1	1

Q

ZW\XY	00	01	11	10
00				
01		1	1	
11	1	1	1	1
10				

R

ZW\XY	00	01	11	10
00			1	
01			1	
11				
10				

P·Q

ZW\XY	00	01	11	10
00				
01				
11			1	1
10				

Q·R

ZW\XY	00	01	11	10
00				
01		1	1	
11		1	1	
10				

R·P

ZW\XY	00	01	11	10
00				
01				
11			1	
10				

P·Q·R

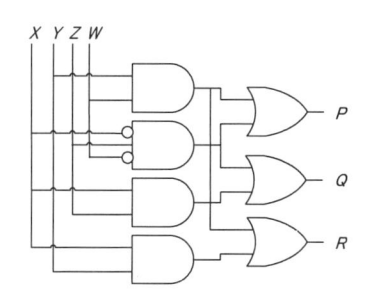

演習問題解答   195

カルノー図によって，主項は，011∗(P)，∗∗10(Q)，1∗1∗(Q)，11∗∗(R)，0∗10(P·Q)，111∗(Q·R)，∗1∗1(R·P)，1111(P·Q·R)となる(複数の関数に属する主項は，最大の数の積をとったものの主項として扱う)．

次に必須項を求める．

	P					Q					R				
	2	5	6	7	13	15	2	6	10	11	14	15	5	7	12	13	14	15
0 1 1 ∗(P)		>	>															
∗ ∗ 1 0(Q)							>	>	>		>							
1 ∗ 1 ∗(Q)									◎	◎	◎	◎						
1 1 ∗ ∗(R)															◎	○	○	○
0 ∗ 1 0(P·Q)	◎		○				>	>										
1 1 1 ∗(Q·R)											>	>					>	>
∗ 1 ∗ 1(R·P)		◎		○	○	○							◎	◎		○		○
1 1 1 1(P·Q·R)					>							>				>		

これにより，Pの必須項として$\bar{X}\cdot Z\cdot \bar{W}$と$Y\cdot W$，Qの必須項として$X\cdot Z$，Rの必須項として$X\cdot Y$と$Y\cdot W$が求まる．

次に，◎○を除いた表を作る．

	Q	
	2	6
∗ ∗ 1 0(Q)	>	>
0 ∗ 1 0(Q)	>	>

表によって，論理関数Qは∗∗10でも，0∗10でも全体をカバーできる．このうち，∗∗10は，P·Qの必須項だから，これを使うことにする．

以上から，次の答を得る．

$$P = \bar{X}\cdot Z\cdot \bar{W} + Y\cdot W$$
$$Q = \bar{X}\cdot Z\cdot \bar{W} + X\cdot Z$$
$$R = X\cdot Y + Y\cdot W$$

3.6 $P=\sum(2, 3, 5, 7, 11, 13)$, $Q=\sum(1, 2, 3, 5, 8, 13)$, $R=\sum(1, 3, 5, 7, 9, 11, 13, 15)$. 積関数を作って, $P \cdot Q=\sum(2, 3, 5, 13)$, $Q \cdot R=\sum(1, 3, 5, 13)$, $R \cdot P=\sum(3, 5, 7, 11, 13)$, $P \cdot Q \cdot R=\sum(3, 5, 13)$ となる.

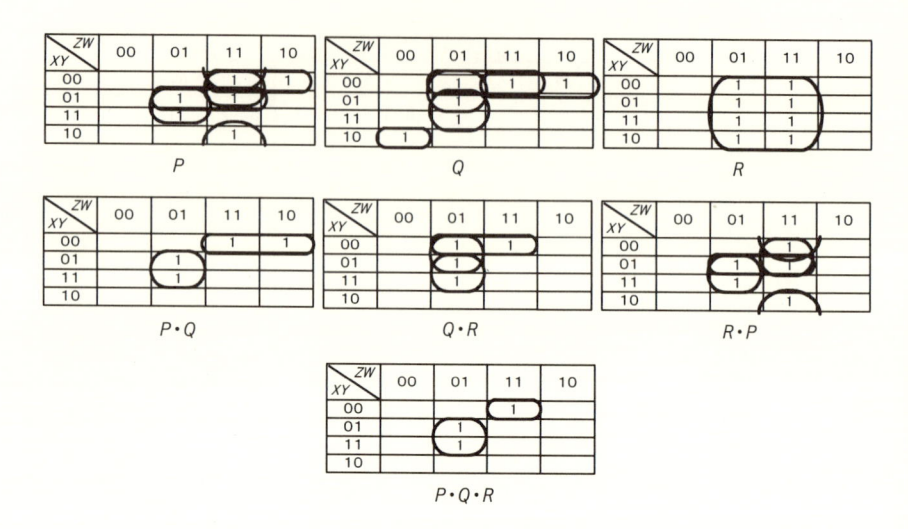

カルノー図によって, 主項は, $1000(Q)$, $***1(R)$, $001*(P \cdot Q)$, $00*1(Q \cdot R)$, $0*01(Q \cdot R)$, $0*11(R \cdot P)$, $01*1(R \cdot P)$, $*011(R \cdot P)$, $0011(P \cdot Q \cdot R)$, $*101(P \cdot Q \cdot R)$ となる(複数の関数に属する主項は, 最大の数の積をとったものの主項として扱う).

次に必須項を求める.

	P						Q						R						
	2	3	5	7	11	13	1	2	3	5	8	13	1	3	5	7	9	11	13	15
$1000(Q)$											◎									
$***1(R)$													○	○	○	○	◎	○	○	◎
$001*(P \cdot Q)$	◎	○					◎	○												
$00*1(Q \cdot R)$									>	>			>	>						
$0*01(Q \cdot R)$							>			>			>							
$0*11(R \cdot P)$		>		>												>				
$01*1(R \cdot P)$			>	>												>			>	
$*011(R \cdot P)$		○				◎													>	>
$0011(P \cdot Q \cdot R)$		>												>						
$*101(P \cdot Q \cdot R)$			○			◎				○		◎						>	>	

これにより, P の必須項として $\bar{X} \cdot \bar{Y} \cdot Z$ と $\bar{Y} \cdot Z \cdot W$ と $Y \cdot \bar{Z} \cdot W$, Q の必須項として $X \cdot \bar{Y} \cdot \bar{Z} \cdot \bar{W}$ と $\bar{X} \cdot \bar{Y} \cdot Z$ と $Y \cdot \bar{Z} \cdot W$, R の必須項として W が求まる.

次に，◎○を除いた表を作る。

	P	Q
	7	1
0 0 * 1 $(Q \cdot R)$		>
0 * 0 1 $(Q \cdot R)$		>
0 * 1 1 $(R \cdot P)$	>	
0 1 * 1 $(R \cdot P)$	>	

表によって，論理関数 P に必要な残りの主項は $0*11$ でも $01*1$ でもよく，論理関数 Q に必要な残りの主項は $00*1$ でも $0*01$ でもよいことがわかる。どれも他の関数の必須項になっていないから，どちらを使っても良い。

以上から，次の答を得る。

$P = \bar{X} \cdot \bar{Y} \cdot Z + Y \cdot \bar{Z} \cdot W + \bar{Y} \cdot Z \cdot W + \bar{X} \cdot Z \cdot W$

$Q = \bar{X} \cdot \bar{Y} \cdot Z + Y \cdot \bar{Z} \cdot W + \bar{X} \cdot \bar{Y} \cdot W + X \cdot \bar{Y} \cdot \bar{Z} \cdot \bar{W}$

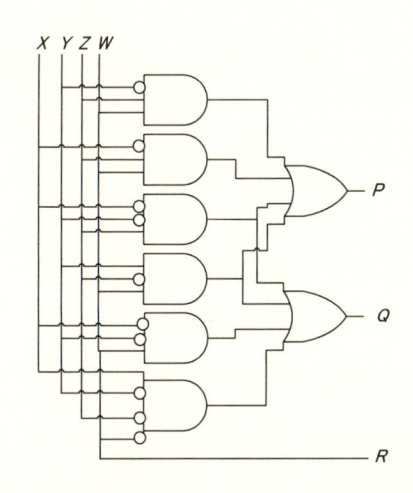

$R = W$

入力が 1 以上 9 以下のときは，$P = \Sigma(2, 3, 5, 7)$，$Q = \Sigma(1, 2, 3, 5, 8)$，$R = \Sigma(1, 3, 5, 7, 9)$ となる。積関数を作って，$P \cdot Q = \Sigma(2, 3, 5)$，$Q \cdot R = \Sigma(1, 3, 5)$，$R \cdot P = \Sigma(3, 5, 7)$，$P \cdot Q \cdot R = \Sigma(3, 5)$ となる。

ZW\XY	00	01	11	10
00	X		1	1
01		1	1	
11	X	X	X	X
10			X	X

P

ZW\XY	00	01	11	10
00	X	1	1	1
01		1		
11	X	X	X	X
10		1		

Q

ZW\XY	00	01	11	10
00	X		1	1
01			1	1
11	X	X	X	X
10		1		X

R

ZW\XY	00	01	11	10
00	X		1	1
01		1		
11	X	X	X	X
10			X	X

P・Q

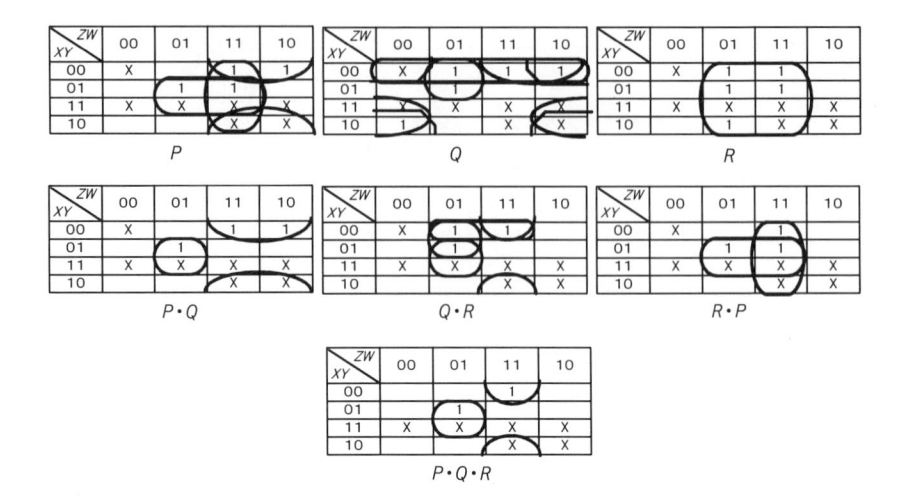

ZW\XY	00	01	11	10
00	X	1	1	
01		1		
11	X	X	X	X
10			X	

Q・R

ZW\XY	00	01	11	10
00	X		1	
01		1	1	
11	X	X	X	X
10			X	X

R・P

ZW\XY	00	01	11	10
00			1	
01		1		
11	X	X	X	X
10			X	X

P・Q・R

カルノー図によって，主項は，$00**(Q)$，$*0*0(Q)$，$1**0(Q)$，$***1(R)$，$*01*(P\cdot Q)$，$00*1(Q\cdot R)$，$0*01(Q\cdot R)$，$*1*1(R\cdot P)$，$**11(R\cdot P)$，$*011(P\cdot Q\cdot R)$，$*101(P\cdot Q\cdot R)$ となる（複数の関数に属する主項は，最大の数の積をとったものの主項として扱う）。

次に必須項を求める。

	P				Q					R				
	2	3	5	7	1	2	3	5	8	1	3	5	7	9
$00**(Q)$					>	>	>							
$*0*0(Q)$						>			>					
$1**0(Q)$									>					
$***1(R)$										○	○	○	○	◎
$*01*(P\cdot Q)$	◎	○				>	>							
$00*1(Q\cdot R)$						>		>		>	>			
$0*01(Q\cdot R)$						>		>		>		>		
$*1*1(R\cdot P)$			>	>								>	>	
$**11(R\cdot P)$			>	>							>		>	
$*011(P\cdot Q\cdot R)$		>					>				>			
$*101(P\cdot Q\cdot R)$			>					>				>		

これにより，P の必須項として $\overline{Y}\cdot Z$，R の必須項として W が求まる。

次に，◎○を除いた表を作る。

演習問題解答

	P		Q				
	5	7	1	2	3	5	8
0 0 * *(Q)			>	>	>		
* 0 * 0(Q)				>		>	
1 * * 0(Q)						>	
* 0 1 *(P・Q)				>	>		
0 0 * 1(Q・R)			>	>			
0 * 0 1(Q・R)			>		>		
* 1 * 1(R・P)	>	>					
* * 1 1(R・P)		>					
* 0 1 1(P・Q・R)					>		
* 1 0 1(P・Q・R)	>					>	

P の必須項

表によって，論理関数 P に必要な残りの主項は *1*1 が最良であることがわかる．論理関数 Q は，二つ以下の主項でこれを実現するやりかたはなく，三つ以上の主項の組合せを用いることになる（確認せよ）．P の必須項 *01* を用いれば，あと二つの主項で実現できる．このとき，1**0, 0*01 が追加する主項である．

以上から，次の答を得る．
$$P = \bar{Y} \cdot Z + Y \cdot W$$
$$Q = \bar{Y} \cdot Z + X \cdot \bar{W} + \bar{X} \cdot \bar{Z} \cdot W$$
$$R = W$$

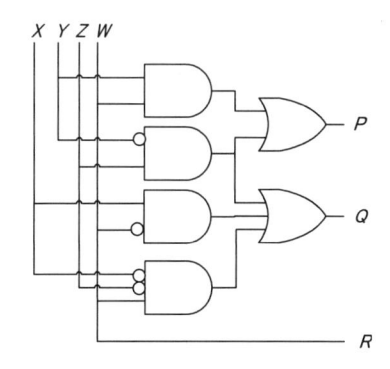

4章

4.1 リプルキャリ型もキャリルックアヘッド型も，計算遅延は最上位ビットの和とキャリが確定するまでの時間で決まる。

リプルキャリ型の場合，これは通常，N 段の全加算器のキャリ計算時間の和と考えてよい。キャリの計算は，「2 入力 AND と 3 入力 OR」の2段の回路である。前者の遅延を $T_{AND}(2)$，後者の遅延を $T_{OR}(3)$ とすると，全体の遅延 T_R は，

$$T_R = N \cdot (T_{AND}(2) + T_{OR}(3)) \qquad (1)$$

となる。

キャリルックアヘッド型の場合，最大の遅延をもたらすのは，「上から $N-1$ 桁までのすべての入力が $(1,0)$ または $(0,1)$ で，最下位の入力が $(1,1)$」の場合である。図4.7を参照してこのときの遅延 T_C について考える。さきの記法にならえば，

$$T_C = T_{AND}(2) + T_{AND}(N) + T_{OR}(N) \qquad (2)$$

となる。ただし，$T_{AND}(N)$，$T_{OR}(N)$ はそれぞれ N 入力 AND の遅延，N 入力 OR の遅延を表す。N 入力素子の遅延は，近似的に $\log_2 N$ に比例して増大すると考えられるから，(1)(2)は，

$$T_R = N \cdot (T_{AND}(2) + \log_2 3 \cdot T_{OR}(2)) \qquad (1)'$$
$$T_C = T_{AND}(2) + \log_2 N \cdot (T_{AND}(2) + T_{OR}(2)) \qquad (2)'$$

(1)′(2)′より，リプルキャリ方式が桁数に比例した遅延になるのに対して，キャリルックアヘッド方式は桁数の対数に比例した遅延になることが知られる。なお，実際の回路では，さらに，N 入力素子の遅延についての精度の高い検討，配線遅延の検討などを行わなければならない。

4.2 4.1より，M 桁のキャリルックアヘッド加算器の遅延は $\log_2 M$ に比例すると近似する。また，キャリルックアヘッド加算器の第 i 桁は i 入力の素子で構成されているから，その基本素子数(2入力素子で構成したときの素子数)は i に比例する。M 桁キャリルックアヘッド加算器の素子数は，$\sum_{i=1}^{M} i$ に比例する値，すなわち M^2 に比例した値と近似される。

ブロック構成にした場合は，遅延も素子数もそれぞれブロック数倍したものとなる。ブロック数は N/M だから，遅延 T，素子数 G は，

$$T \propto \frac{N}{M} \cdot \log_2 M$$

$$G \propto \frac{N}{M} \cdot M^2 = N \cdot M$$

となると考えられる。$\log_2 M / M$ は単調減少関数なので，計算遅延はブロックサイズを大きくするほど小さくなる。また，基本素子数は，ブロックサイズに比例して大きくなる。

4.3 1.3.4項の乗算のアルゴリズムを実現すればよい。被乗数を $X_3 X_2 X_1 X_0$，乗数を $Y_3 Y_2 Y_1 Y_0$ とすると，次の図のようになる。

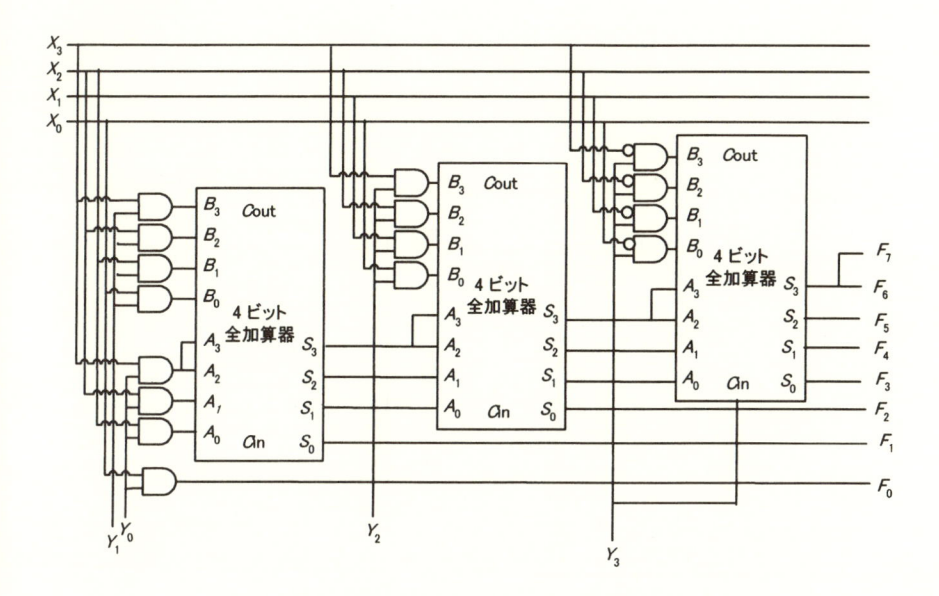

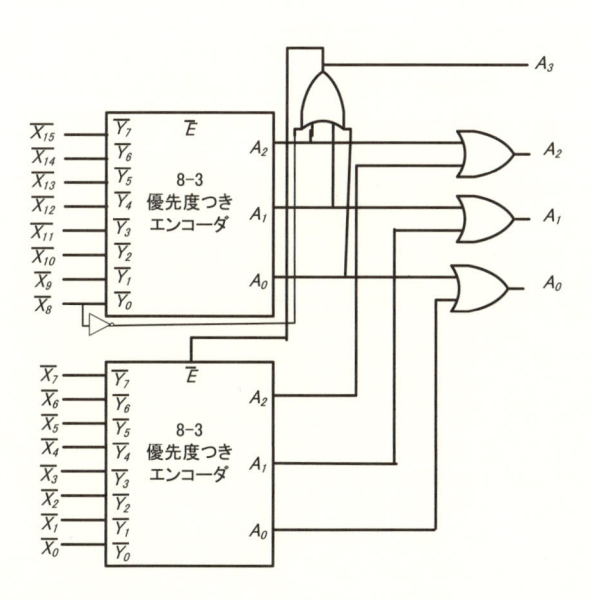

演習問題解答　　　　　　　　　　　　　　　　　　　　201

4.4

4.5

X	Y	Z	W	F
0	0	0	0	1
0	0	0	1	1
0	0	1	0	1
0	0	1	1	0
0	1	0	0	0
0	1	0	1	1
0	1	1	0	1
0	1	1	1	0
1	0	0	0	0
1	0	0	1	1
1	0	1	0	0
1	0	1	1	1
1	1	0	0	0
1	1	0	1	1
1	1	1	0	1
1	1	1	1	0

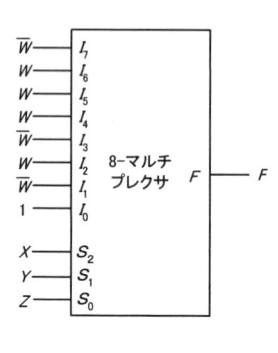

(a) 真理値表   (b) マルチプレクサによる実現

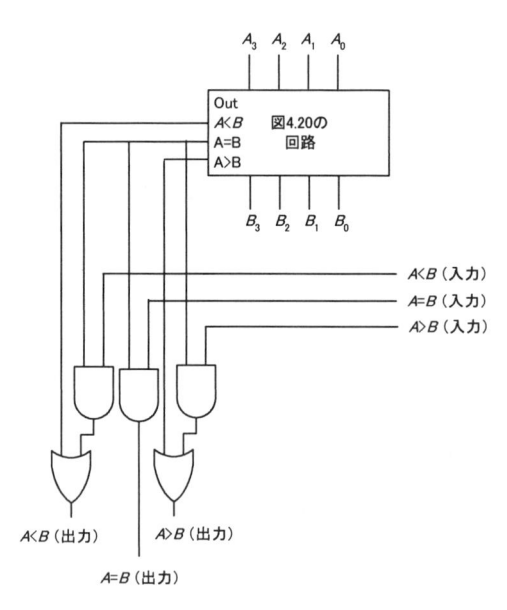

4.6

4.7 一例として次の回路を示す。この回路では，4ビットのデータを2×2の2次元の行列とみなし，各行各列ごとにパリティをもたせている。1ビット反転の際には行・列それぞれ一つずつのパリティビットが反転するので，どのビットが反転したかを特定できる。

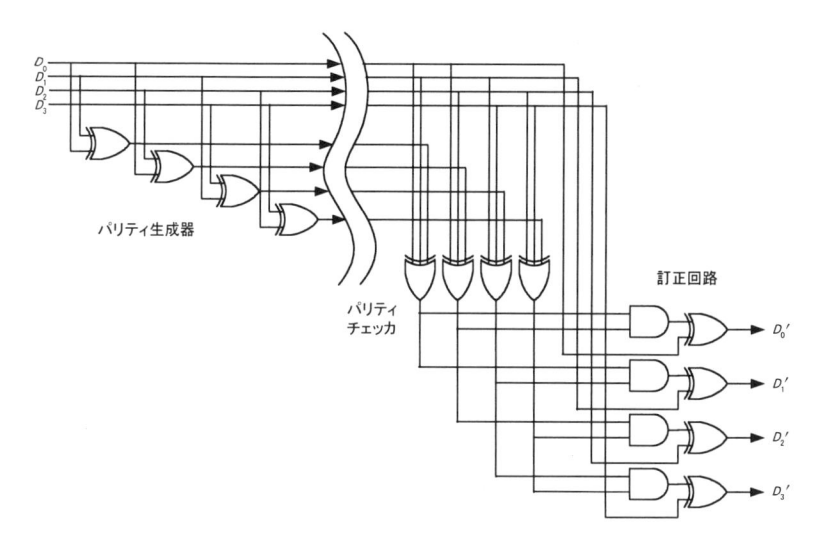

5章

5.1 禁止入力に対する動作が異なる。すなわち，図5.2の回路では，$(S, R) = (1, 1)$がきたとき，$Q=0$，$\overline{Q}=0$となって，以後の動作が不確定となる。図5.3の回路では，$(S, R) = (1, 1)$がきたとき，$Q=1$，$\overline{Q}=1$となって，以後の動作が不確定となる。禁止入力が入らないかぎり，両者に違いはない。

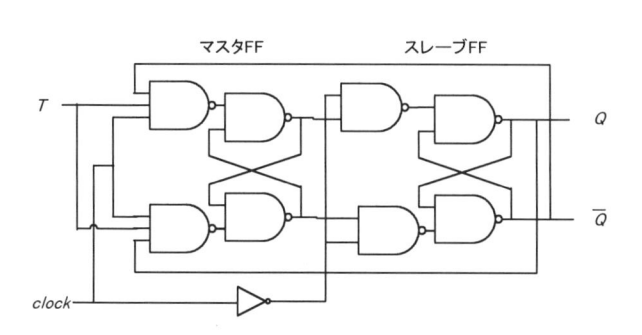

5.2

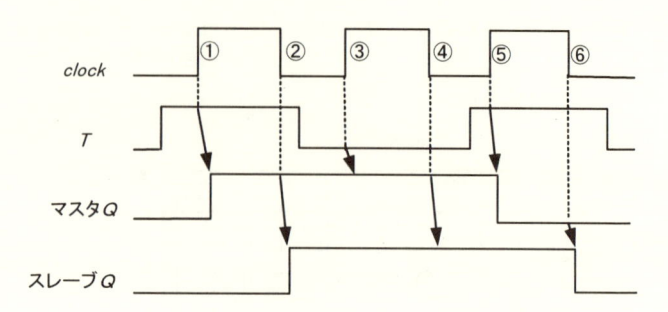

①⑤：クロックの立ち上がりで $T=1$
　スレーブフリップフロップのゲートが閉じ，マスタフリップフロップの出力が入ってこなくなる。マスタのゲートが開き，T が 1 なのでマスタの値が反転する。
②④⑥：クロックの立ち下がりで $T=1$
　マスタのゲートが閉じ，外からの入力が入ってこなくなる。スレーブのゲートが開き，マスタの出力がとり込まれる。
③：クロックの立ち上がりで $T=0$
　スレーブフリップフロップのゲートが閉じ，マスタフリップフロップの出力が入ってこなくなる。マスタのゲートが開き，T が 0 なのでマスタの値に変化はない。

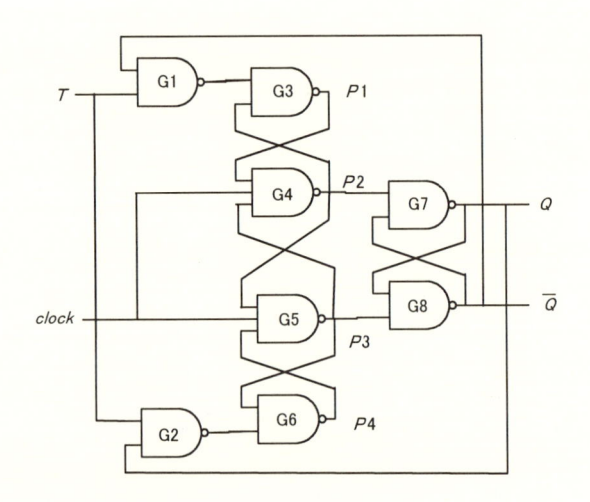

5.3

演習問題解答   205

まず，$clock=0$ のときを考える。このとき，$P2$, $P3$ がそれぞれ 1 になり，G 7，G 8 の状態は保持される。つまり，このときは入力はとり込まれず，出力 Q は変化しない。

次に，クロックが 0 から 1 になるところで，$T=0$ であったとする。$clock=1$ となる直前には $P1=0$, $P4=0$ となっている。ここで $clock=1$ となると，$P2=1$, $P3=1$ のままであり，これらが G 5，G 6 に入力されて，Q, $\bar{Q}$ と値はもとのままとなる。

クロックが 0 から 1 になるところで，$T=1$ であったとする。$clock=1$ となる直前には $P1=\bar{Q}$, $P4=Q$ となっている。ここで $clock=1$ となると，$P2=Q$, $P3=\bar{Q}$ となり，これらが G 5，G 6 に入力されて，Q, $\bar{Q}$ と値は反転する。

この後で($clock=1$ の間に)入力データが反転し，$T=0$ となったとしよう。すると，$P1=\overline{P2}$, $P4=\overline{P3}$, $P2=P2+\overline{P3}$, $P3=P3+\overline{P2}$ となり，以前の状態では $P3=\overline{P2}$ だったから，$P2$, $P3$ は同じ値が保持される。よって，Q, $\bar{Q}$ の値は以前のものが保持される。

以上から，この回路は，クロックの立ち上がりで入力 T が 0 のとき値を以前のままで状態が保持され，T が 1 のときに値が反転するエッジトリガ型 T フリップフロップであることが示された。

5.4

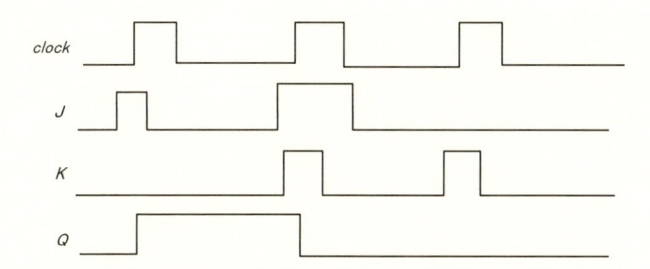

5.5

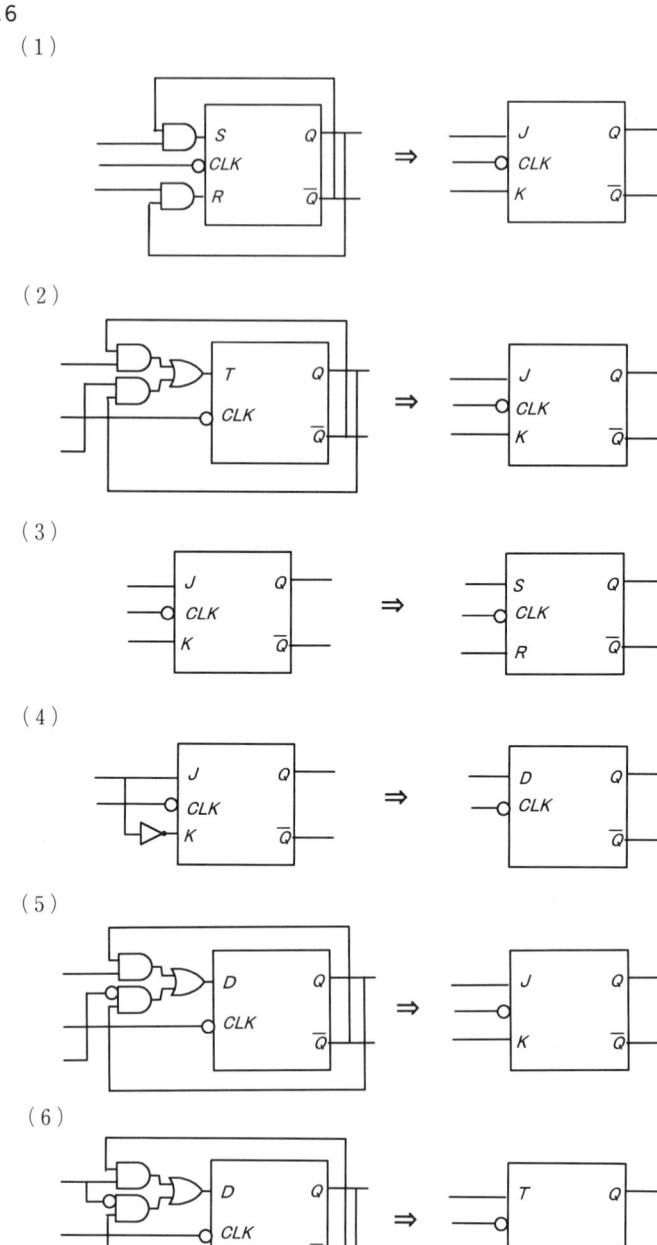

5.6

(1)

(2)

(3)

(4)

(5)

(6)

6章

6.1 このカウンタの値は，1011 以上になることはない。すなわち，$D3 \cdot D1 = 1$ となるのは，唯一 1010 となるときであるから。

6.2 図 6.4 で，$init$，$D1$，$D2$ の信号変化の因果関係を考える。回路より，
- (1) カウンタの値が 1010 になって $D1$ が立ち上がる
- (2) (1)によって，$init = 1$ となる
- (3) (2)によって全 FF にクリアがかかり，$D1$，$D2$ が 0 となる
- (4) (3)によって，$init = 0$ となる

という順番は厳密に守られることになる。(3)(4)の順序性より，$D1$ が 0 になるタイミングでは，必ず $init = 1$ の信号が立っているため，$D2$ を出力する FF は，このときクリア信号が入った状態になっている。したがって，○の部分の $D1$ が 0 になるタイミングで $D2$ が 1 になることはない。

6.3

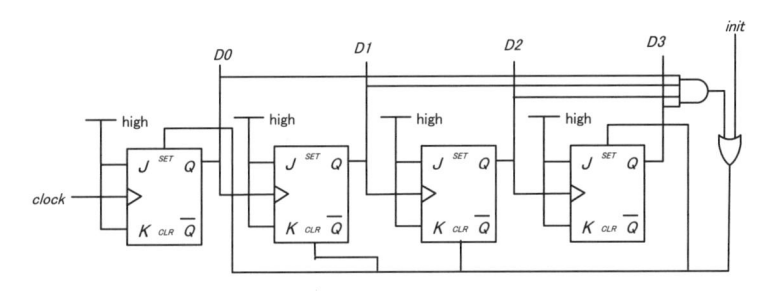

6.4

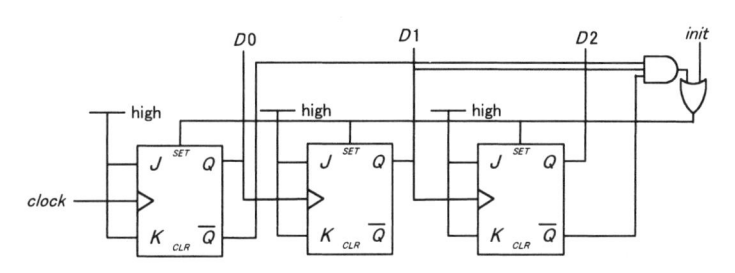

6.5 0 から 8 までカウントして，カウンタの値が 8 になったら次のクロックで 0 に戻すような回路にすればいい。

$$
\begin{array}{c}
0 \\ 0 \\ 0 \\ 0
\end{array}
\Rightarrow
\begin{array}{c}
0 \\ 0 \\ 0 \\ 1
\end{array}
\Rightarrow
\begin{array}{c}
0 \\ 0 \\ 1 \\ 0
\end{array}
\Rightarrow
\begin{array}{c}
0 \\ 0 \\ 1 \\ 1
\end{array}
\Rightarrow
\begin{array}{c}
0 \\ 1 \\ 0 \\ 0
\end{array}
\Rightarrow
\begin{array}{c}
0 \\ 1 \\ 0 \\ 1
\end{array}
\Rightarrow
\begin{array}{c}
0 \\ 1 \\ 1 \\ 0
\end{array}
\Rightarrow
\begin{array}{c}
0 \\ 1 \\ 1 \\ 1
\end{array}
\Rightarrow
\begin{array}{c}
1 \\ 0 \\ 0 \\ 0
\end{array}
\Rightarrow
\begin{array}{c}
0 \\ 0 \\ 0 \\ 0
\end{array}
$$

カウンタ値が 8 は，$D3=1$ を見てやればいい．このとき，すべての FF を 0 にしてやる．

よって，D3 以外のカウンタ FF が反転するのは，下位のビットがすべて 1 になった次のクロックである．D3 は，下位のビットがすべて 1 になるか，D3 が 1 になった次のクロックで反転する．

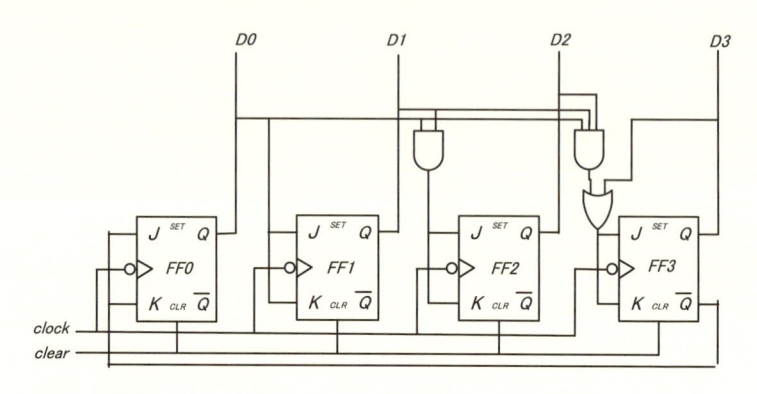

```
         D0           D1           D2           D3
          │            │            │            │
          │            │            ├───────┐    │
          │            │            │       │    │
          │            │         ┌──┴──┐ ┌──┴──┐ │
          │            │         │ AND │ │ AND │ │
          │            │         └──┬──┘ └──┬──┘ │
          │            │            │       │    │
          │            │            │    ┌──┴──┐ │
          │            │            │    │ OR  │ │
          │            │            │    └──┬──┘ │
       ┌──┴──┐      ┌──┴──┐      ┌──┴──┐ ┌──┴──┐
       │J SET Q│    │J SET Q│    │J SET Q│ │J SET Q│
    ──▷│  FF0  │ ──▷│  FF1  │ ──▷│  FF2  │─▷│  FF3  │
       │K CLR Q̄│    │K CLR Q̄│    │K CLR Q̄│ │K CLR Q̄│
       └──┬──┘      └──┬──┘      └──┬──┘ └──┬──┘
clock ────┴────────────┴────────────┴───────┘
clear ────┴────────────┴────────────┴───────┘
```

6.6
同期 6 進アップダウンカウンタの動作は，次のようになる．

$up/\overline{down}=0$ のとき，下位ビットがすべて 0 のときトグルし，000 の次は 101 となる．

$$\begin{array}{ccccccc} 0 & 1 & 1 & 0 & 0 & 0 & 0 \\ 0 \Rightarrow & 0 \Rightarrow & 0 \Rightarrow & 1 \Rightarrow & 1 \Rightarrow & 0 \Rightarrow & 0 \\ 0 & 1 & 0 & 1 & 0 & 1 & 0 \end{array}$$

$up/\overline{down}=1$ のとき，下位ビットがすべて 1 のときトグルし，101 の次は 000 となる．

$$\begin{array}{ccccccc} 0 & 0 & 0 & 0 & 1 & 1 & 0 \\ 0 \Rightarrow & 0 \Rightarrow & 1 \Rightarrow & 1 \Rightarrow & 0 \Rightarrow & 0 \Rightarrow & 0 \\ 0 & 1 & 0 & 1 & 0 & 1 & 0 \end{array}$$

これを，3 段の JK フリップフロップで実現する．

(1) 初段の FF

クロックがくるたびにトグルすればよい．

(2) 2 段目の FF

$\overline{up/\overline{down}}\cdot\overline{D0}\cdot(D1+D2)+up/\overline{down}\cdot D0\cdot\overline{D2}$ のときにトグル

(3) 3 段目の FF

$\overline{up/\overline{down}}\cdot\overline{D0}\cdot\overline{D1}+up/\overline{down}\cdot D0\cdot(D1+D2)$ のときにトグル

したがって，次の図のようになる．

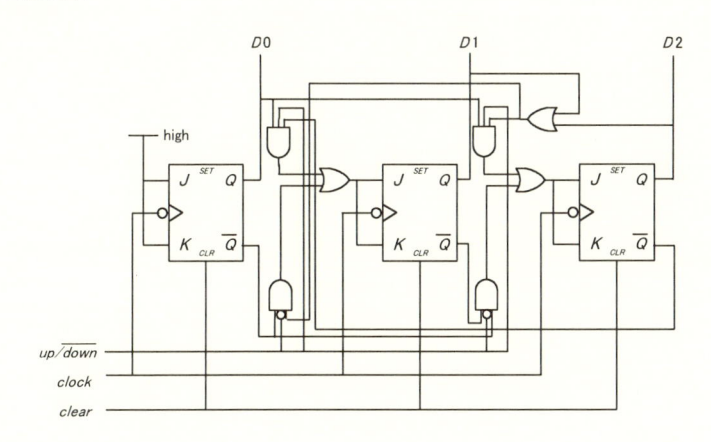

演習問題解答　　　　　　　　　　　　　　　　　　　　　　　　　　　　209

6.7

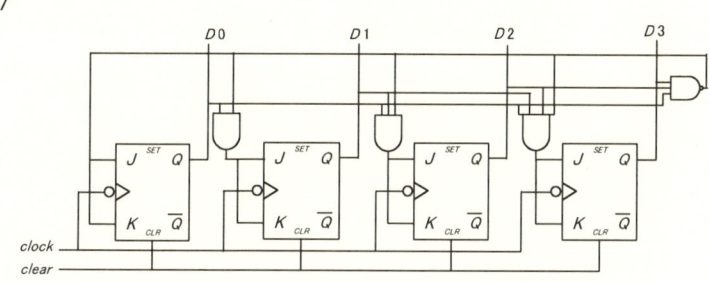

6.8

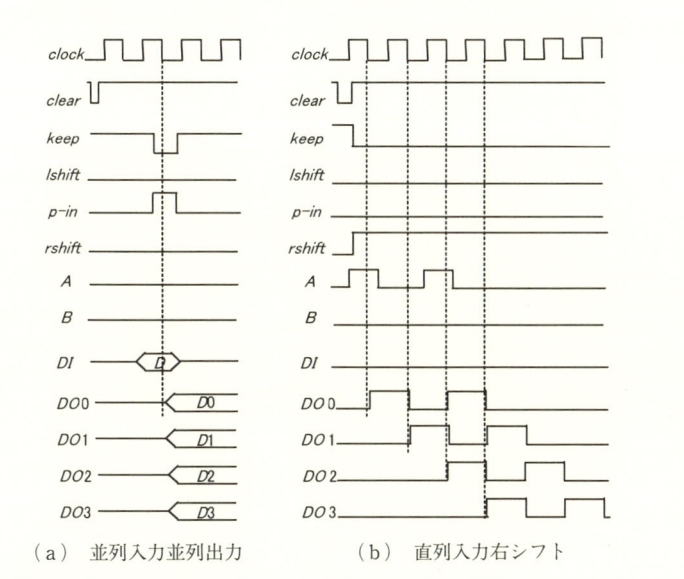

（a）並列入力並列出力　　　　（b）直列入力右シフト

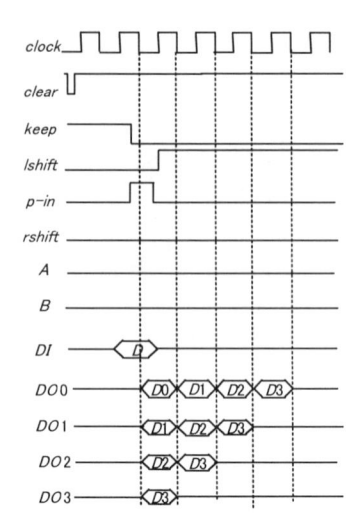

(c) 並列入力左シフト

DI は $DI0 \sim DI3$ をまとめて表現したものである。

7章

7.1 図7.29の(入力，状態)に対して，(出力，次状態)の関係は，次のようになる。
$$_{next}S = \bar{S} \cdot I + S \cdot \bar{I}$$
$$O = S \cdot I$$

状態遷移表は，次のようになる。

S	I	$_{next}S$	O
0	0	0	0
0	1	1	0
1	0	1	0
1	1	0	1

ミーリーグラフは以下の通り。

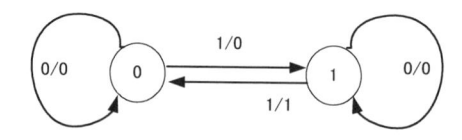

これは，「初期状態から入力に二度1が現れたときに，1を出力して初期状態に戻る回路」である。

演習問題解答

7.2 図7.30の(入力, 状態)に対して, (出力, 次状態)の関係は, 次のようになる。

$$_{\text{next}}S1 = \overline{S1} \cdot S0 \cdot I + S1 \cdot \overline{S0} \cdot \bar{I}$$
$$_{\text{next}}S0 = S1 \cdot S0 \cdot I + \overline{S1} \cdot \overline{S0} \cdot \bar{I}$$
$$O = S1 + S0 + I$$

これにより, 状態遷移表を書くことができる。

$S1$	$S0$	I	$_{\text{next}}S1$	$_{\text{next}}S0$	O
0	0	0	0	1	0
0	0	1	0	0	1
0	1	0	0	0	1
0	1	1	1	0	1
1	0	0	1	0	1
1	0	1	0	0	1
1	1	0	0	0	1
1	1	1	0	1	1

表から次のミーリーグラフを得る。

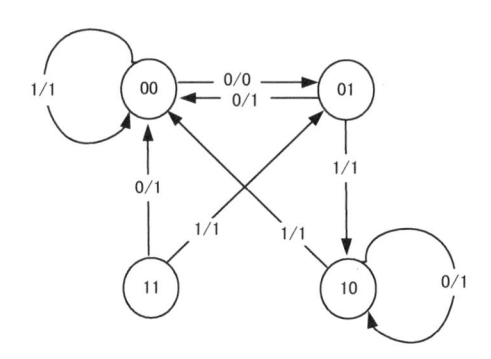

7.3 7.2の解答より, ミーリーグラフは次のようになる。

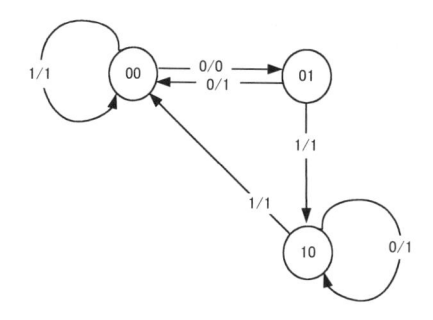

状態遷移表は次のようになる。

S1	S0	I	next S1	next S0	O
0	0	0	0	1	0
0	0	1	0	0	1
0	1	0	0	0	1
0	1	1	1	0	1
1	0	0	1	0	1
1	0	1	0	0	1

次にカルノー図を書く。

$_{\text{next}}S1 = S1 \cdot \bar{I} + S0 \cdot I$

$_{\text{next}}S0 = \overline{S1} \cdot \overline{S0} \cdot \bar{I}$

$O = S1 + S0 + I$

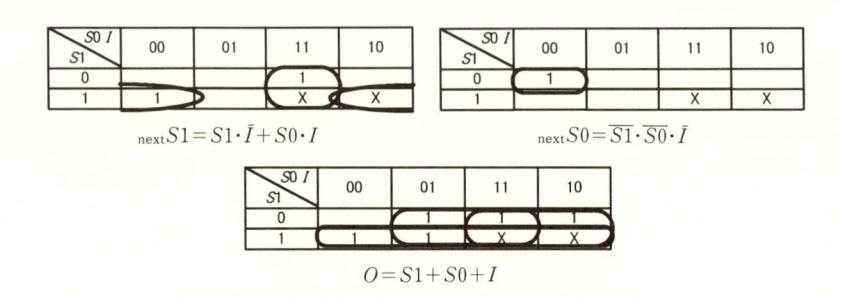

回路を MIL 記法で書くと，次のようになる。

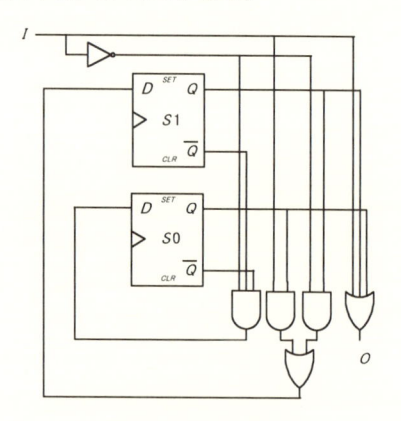

7.4 次のように，入力，出力，状態を符号で表すことにする。
・入力 $I1 I0$：
　　00：最後の一人でない限り拒絶
　　01：どちらかといえば拒絶
　　10：どちらかといえば OK
　　11：どんなことがあっても OK

- 出力 O：OK するときに 1, そうでないときに 0
- 状態 $S2S1S0$：
    - 000：初期状態
    - 001：1番目の相手を拒絶した
    - 010：2番目の相手を拒絶した
    - 011：3番目の相手を拒絶した
    - 100：相手を決めた

このとき、ミーリーグラフは次の図のようになる。

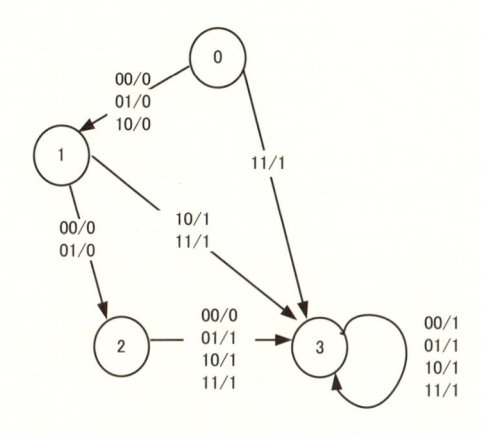

ミーリーグラフから次の状態遷移表を得る。

S1	S0	I1	I0	nextS1	nextS0	O
0	0	0	0	0	1	0
0	0	0	1	0	1	0
0	0	1	0	0	1	0
0	0	1	1	1	1	1
0	1	0	0	1	0	0
0	1	0	1	1	0	0
0	1	1	0	1	1	1
0	1	1	1	1	1	1
1	0	0	0	1	1	0
1	0	0	1	1	1	1
1	0	1	0	1	1	1
1	0	1	1	1	1	1
1	1	0	0	1	1	1
1	1	0	1	1	1	1
1	1	1	0	1	1	1
1	1	1	1	1	1	1

表からカルノー図を書いて、$_{next}S2$, $_{next}S1$, $_{next}S0$, O を求める。5入力なので上下2枚の図になることに注意。

nextS1

I1I0/ S1S0	00	01	11	10
00	0	0	1	0
01	1	1	1	1
11	1	1	1	1
10	1	1	1	1

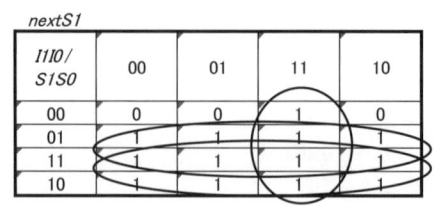

$nextS1 = S0 + S1 + I1 \cdot I0$

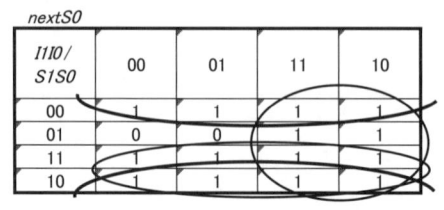

nextS0

I1I0/ S1S0	00	01	11	10
00	1	1	1	1
01	0	0	1	1
11	1	1	1	1
10	1	1	1	1

$nextS0 = S0' + S1 + I1$

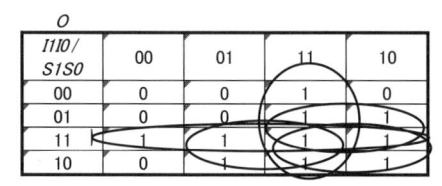

O

I1I0/ S1S0	00	01	11	10
00	0	0	1	0
01	0	0	1	1
11	1	1	1	1
10	0	1	1	1

$O = S0 \cdot S1 + S1 \cdot I0 + S1 \cdot I1 + S0 \cdot I1 + I1 \cdot I0$

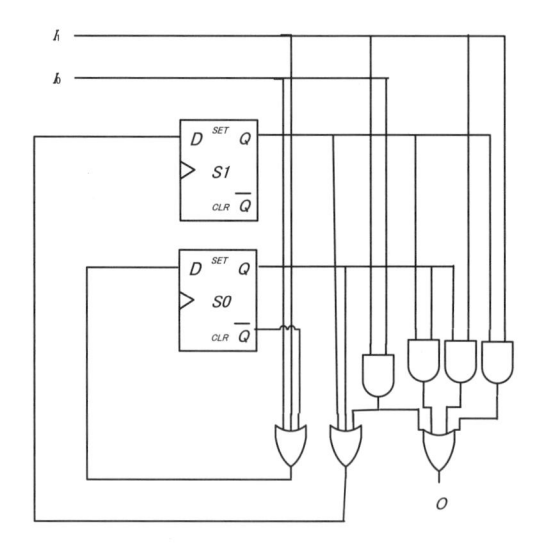

7.5 （1） 状態を次のように定義する．
　　11：初期状態またはDが入力された状態
　　00：Aが入力された状態
　　01：Bが入力された状態
　　10：Cが入力された状態
すると，状態遷移図は，次のようになる．

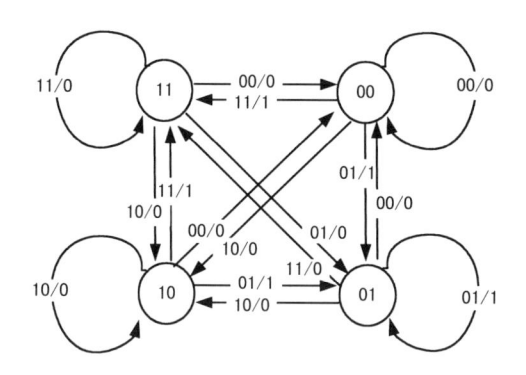

（2） (1)の状態遷移図を観察すると，状態00と状態10の動作は，
　　入力00：状態00に移行し，出力は0
　　入力01：状態01に移行し，出力は1
　　入力10：状態10に移行し，出力は0
　　入力11：状態11に移行し，出力は1
と同じであることがわかる．よって，この二つの状態は統合可能である．

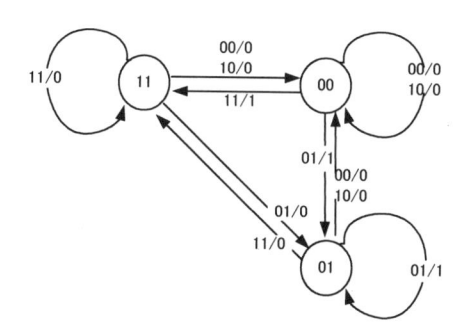

(3)

$S1$	$S0$	$X1$	$X0$	$_{next}S1$	$_{next}S0$	Z
0	0	*	0	0	0	0
0	0	0	1	0	1	1
0	0	1	1	1	1	1
0	1	*	0	0	0	0
0	1	0	1	0	1	1
0	1	1	1	1	1	0
1	1	*	0	0	0	0
1	1	0	1	0	1	0
1	1	1	1	1	1	0

(4) カルノー図は次の通り。

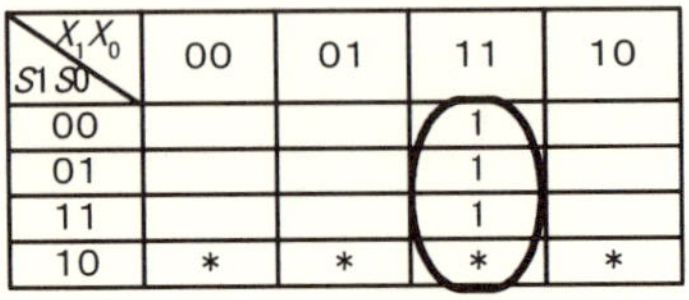

$X_1 X_0$ / $S1 S0$	00	01	11	10
00			1	
01			1	
11			1	
10	*	*	*	*

$_{next}S1 = X_1 \cdot X_0$

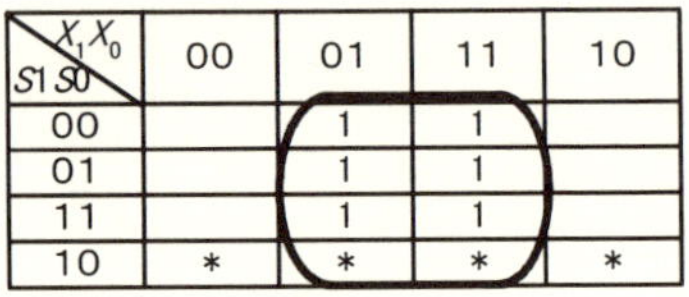

$X_1 X_0$ / $S1 S0$	00	01	11	10
00		1	1	
01		1	1	
11		1	1	
10	*	*	*	*

$_{next}S0 = X_0$

$X_1 X_0$ / $S1 S0$	00	01	11	10
00		1	1	
01		1		
11				
10	*	*	*	*

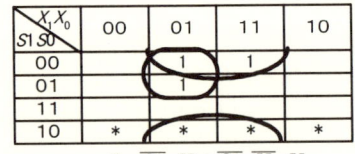

$Z = \overline{S0} \cdot X_0 + \overline{S1} \cdot \overline{X_1} \cdot X_0$

よって, 回路図は次のようになる。

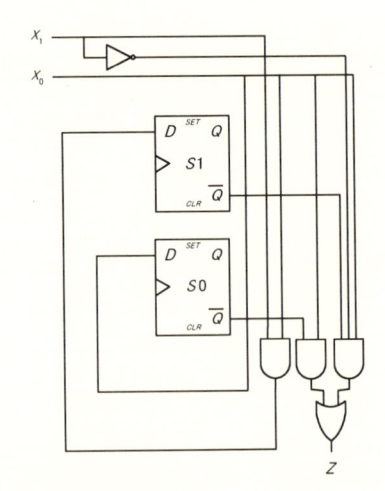

演習問題解答   217

7.6 （1） $X(i)$ を 6 で割った剰余を状態とする。

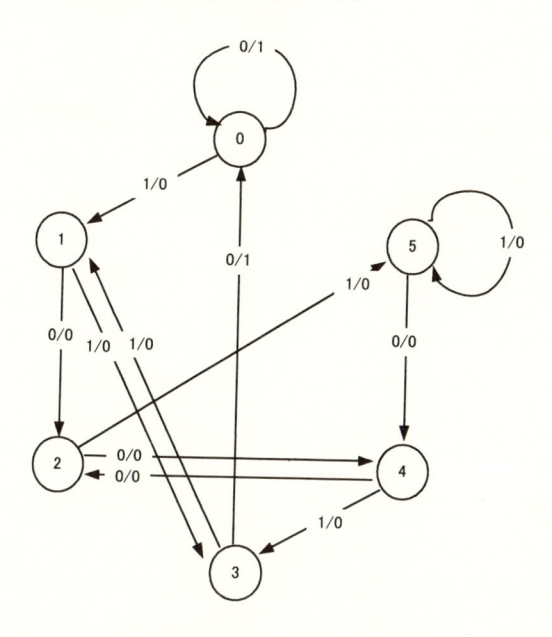

（状態遷移図）

（2） 状態 0 と 3，状態 1 と 4，状態 2 と 5 はそれぞれ一つにできる(すべての入力に対して，出力と次の状態が同じになる)。よって，次の通り。

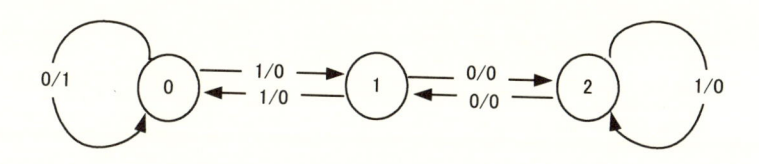

（簡略化された状態遷移図）

（3）

$S1$	$S0$	I	$_{next}S1$	$_{next}S0$	O
0	0	0	0	0	1
0	0	1	0	1	0
0	1	0	1	0	0
0	1	1	0	0	0
1	0	0	0	1	0
1	0	1	1	0	0

（4） カルノー図：

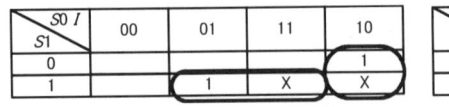

S1\S0 I	00	01	11	10
0				1
1	1	X	X	

$_{\text{next}}S1 = S1 \cdot I + S0 \cdot \bar{I}$

S1\S0 I	00	01	11	10
0		1		
1	1		X	X

$_{\text{next}}S0 = \overline{S1} \cdot \overline{S0} \cdot I + S1 \cdot \bar{I}$

S1\S0 I	00	01	11	10
0		1		
1			X	X

$Z = \overline{S1} \cdot \overline{S0} \cdot \bar{I}$

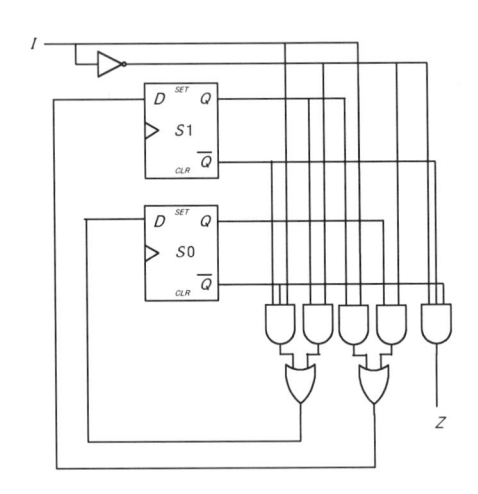

8章

8.1 A, B のどちらかの電圧が 0 になったときも，ダイオードの P 側の電圧は 0 にはならず，少し高い電圧 V_p となる。これがトランジスタのゲートに直接接続されているため，V_p によってトランジスタがオンになる場合があり，O が 0 になってしまい，NAND の動作（入力のどちらかが 0 であれば 1）をしなくなる。

8.2 遅延 D は，次の式で与えられる。

$$D = \sum_{i=1}^{N} K \cdot \frac{f^i}{f^{i-1}} \quad \text{ただし，} N = \log_f F$$

$$= \sum_{i=1}^{N} K \cdot f$$

$$= K \cdot f \cdot \log_f F$$

$$= K \cdot \ln F \cdot \frac{f}{\ln f}$$

演習問題解答

これを f について微分すると次式を得る。

$$\frac{dD}{df} = K \cdot \ln F \cdot \frac{\ln f - 1}{\ln^2 f} = K \cdot \ln F \cdot \frac{\ln(f/e)}{\ln^2 f}$$

したがって，$f=e$(自然対数の底)のとき，D は最小となる。f が整数という制約がつく場合は，$f=3$ となる。

8.3

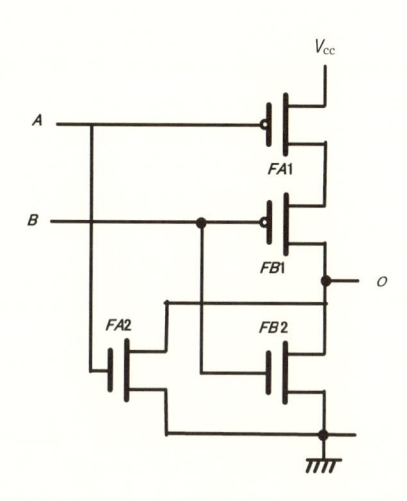

8.4

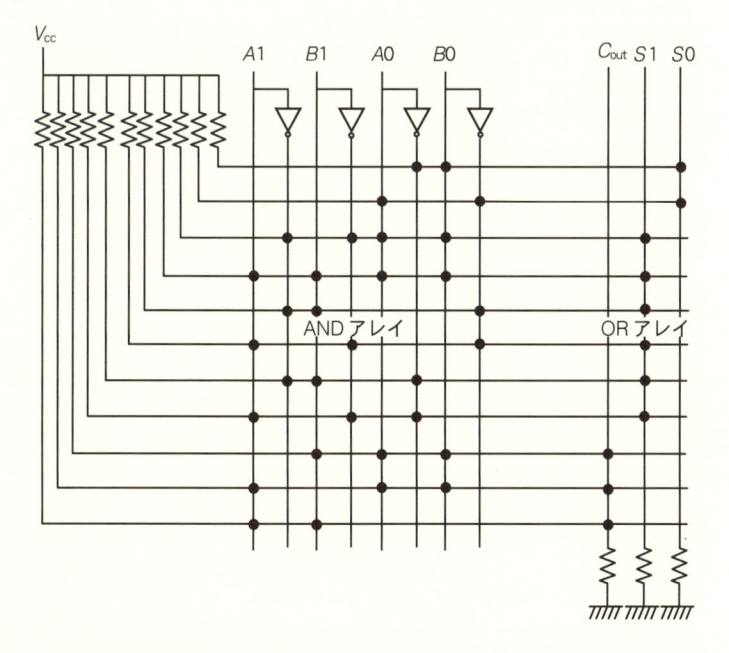

9章

9.1 調査法：パーソナルコンピュータのカタログを見たり，ケースの蓋を開けて中を見たりして，メモリの型番やバスの仕様などを調べる。次にメモリを生産している半導体メーカのホームページなどで，このメモリチップの仕様の詳細を調べる。

なぜそのメモリチップが使われるようになったのかについては，パーソナルコンピュータメーカの技術開発者に問い合わせてみると良い。性能・値段・個数の確保などが主な理由と考えられるが，その他の理由（自社製を使う方針など）があれば追求してみるとおもしろいかもしれない。

9.2 他の不揮発性記憶デバイス（光磁気ディスク，ハードディスクなど）を用いる方法，軽量バッテリを用いて DRAM データの保持する方法，などがある。他のデバイスの場合は速度や大きさの問題，バッテリを用いる場合には充電や重さの問題がある。

9.3 アドレスを時分割でアドレス線に載せることになるが，その際，$\overline{CS}$ を正しく出すために，メモリを選択するアドレスビットを必要な時間だけ保持しなければならない。たとえば，最初の行アドレスの上位の数ビットを，$\overline{CS}$ 生成用のデコーダの手前で記憶しておくなどの工夫が必要である。

9.4 1×16 ビットのメモリを作り，次の表のように，値を入れてやればよい。$ABCD$ をアドレス線に入れてやれば，データ線に出てくる値が求める出力となる。演習問題 3.4 の解答が四つの基本ゲートだけでできていたのに対して，ハードウェア量はかなり大きくなる。

アドレス＝input				メモリデータ＝output
A	B	C	D	
0	0	0	0	0
0	0	0	1	0
0	0	1	0	0
0	0	1	1	0
0	1	0	0	0
0	1	0	1	0
0	1	1	0	0
0	1	1	1	1
1	0	0	0	0
1	0	0	1	0
1	0	1	0	0
1	0	1	1	1
1	1	0	0	1
1	1	0	1	1
1	1	1	0	1
1	1	1	1	1

演習問題解答

10章

10.1 使えるハードウェアの量(ゲートの数)，アクセスにかけてよい時間，命令の中でレジスタ番地として使えるビット数，プログラムで使う変数の数，レジスタで使ってよい消費電力など。

10.2 必要な機能がすべて入っていること，必要以上に大きくならないこと(命令コードのビット数が大きくなりデコードに時間がかかるから)。

10.3 信頼性が高いこと，外部からのアタックに強いこと，消費電力が小さいこと，実装規模が適切であること，騒音や電磁波などを抑えること。

参 考 文 献

[1] Gideon Langholz, Abraham Kandela and Joel Mott, Foundations of Digital Logic Design, World Scientific Publications(1998).
[2] 斉藤忠夫,ディジタル回路,コロナ社(1982).
[3] 天野英晴・武藤佳恭,だれにもわかるディジタル回路(第2版),オーム社(1998).
[4] 上原貴夫・伊吹公夫,論理回路,森北出版(1997).
[5] Morris Mano, Computer System Architecture, 3 rd Edition, Prentice Hall (1993). (邦訳:国枝博昭・伊藤和人,コンピュータアーキテクチャ,科学技術出版(2000).)
[6] 森下巌,マイクロコンピュータの基礎,昭晃堂(1988).
[7] 原田豊,論理回路と計算機ハードウェア,丸善(1998).
[8] 亀山充隆,ディジタルコンピューティングシステム,昭晃堂(1999).
[9] 村上国男・石川勉,コンピュータ理解のための論理回路入門,共立出版(1996).
[10] David A. Patterson and John L. Hennessy, Computer Organization and Design, 3 rd Edition, Morgan Kaufman (2004). (邦訳:成田光彰,コンピュータの構成と設計―ハードウエアとソフトウエアのインタフェース,日経BP社(1999).)
[11] 坂井修一,コンピュータアーキテクチャ,コロナ社(2004).

索　引

欧文索引

A
access time　168
active low　172
adder　65
addition　7
address　165
ALU　180
American Standard Association　23
AND　17
AND array　159
arithmetic logic instruction　182
Arithmetic Logic Unit　180
arithmetic operation　6
ASA 記法　23
asynchronous counter　104
asynchronous SR flip-flop　86

B
base　149
Boolean algebra　19
Boolean function　16
Boolean variable　16
borrow　7
borrow in　71
borrow look ahead　70
borrow out　71
branch instruction　184
bus　154

C
CAD　160
canonical product of sums　29
canonical sum of products　27

carry　7
carry in　7, 66
carry look ahead adder　70
carry out　7
Central Processing Unit　186
characteristic table　86
clock　90
CMOS　147
collector　149
Column Access Strobe　172
column address　172
combinatorial circuit　15
comparator　81
complement　5
complete set　19
completeness　19
Complex PLD　160
computer　1
Computer Aided Design　160
computer architecture　186
conjunctive normal form　29
connection in cascade　68
control signal　180
counter　104
CPLD　160
CPU　186

D
D フリップフロップ　91
D ラッチ　87
DA　161
data　1
data selector　78

DDR SDRAM 175
decode 183
decoder 75
delay simulation 161
demultiplexer 80
Design Automation 161
digital circuit 1
Diode Transistor Logic 150
disjunctive normal form 27
divider 73
division 12
Double Data Rate SDRAM 175
down counter 107
drain 152
DRAM 170
DTL 150
Dynamic RAM 170

E
edge 96
EEPROM 169
electronic computer 179
emitter 149
enable 88
enable input 75
encoder 77
EQ 22
Erasable PROM 169
excitation table 87

F
fan out 152
fast page mode 174
FeRAM 169
Ferroelectric Random Access Memory 169
FET 152
FF 90
Field Effect Transistor 152
Field Programmable Gate Array 160
flip flop 85
Floating Point Unit 75
FPGA 160
FPM 174
FPU 75

full subtractor 70

G
GAL 160
gate 88, 152
Generic Array Logic 160
Graphic User Interface 161
GUI 161

H
half adder 66
Hardware Description Language 161
hazard 90
HDL 161

I
instruction 182
instruction fetch 183
instruction register 183
instruction set 186
instruction word 182

J
JKフリップフロップ 94
Johnson counter 116

K
Karnaugh map 41

L
literal 27
logic operation 6
logic simulation 161
logical operation 17

M
master-slave flip-flop 92
maxterm 27
Mealy graph 119
memory 165
memory instruction 182
Metal Oxide Semiconductor 152
MIL記法 23
MILitary standard 23
minterm 27
MOS 152
multiplexer 78

索引

multiplication　9
multiplier　73

N
n型半導体　147
NAND　20
NOR　21
NOT　17
npn型トランジスタ　149

O
open collector　156
open drain　156
OR　17
OR array　159
Output Enable　99
overflow　7

P
p型半導体　147
PAL　159
parallel counter　110
Parallel Input/Serial Output　113
parity checker　82
parity　82
parity generator　82
PC　185
pipeline processing　186
PISO　113
PLA　158
PLD　158
port　180
prime implicant　44
priority　77
priority encoder　77
product term　27
program　179
Program Counter　185
Programmable Array Logic　159
Programmable Logic Array　158
Programmable Logic Device　158
Programmable ROM　169
PROM　169

Q
Quine-McCluskey Method　49

R
racing　93
RAM　169
Rambus DRAM　175
Random Access Memory　169
RDRAM　175
read　165
read cycle time　173
Read Only Memory　166
refresh　171
register　98
reset　86
ring counter　114
ripple carry adder　68
ripple counter　105
ROM　166
Row Access Strobe　172
row address　172

S
SDRAM　174
self-starting ring counter　115
semiconductor　147
sequencer　184
sequential circuit　15, 103
Serial Input/Parallel Output　112
set　86
shift register　112
SIPO　112
source　152
SR latch　86
SRフリップフロップ　90
SRAM　169
standard ring counter　114
state transition diagram　119
state transition table　121
Static RAM　169
subtraction　9
subtractor　70
sum term　27
synchronous counter　109
Synchronous DRAM　174
synchronous flip-flop　90

T
Tフリップフロップ　95

226

timing chart　104
toggle　94
transistor　147
Transistor Transistor Logic　150
tri-state output circuit　157
truth table　16
TTL　147, 150
turn off buffer　151
twisted ring counter　116

U
Ultra Violet EPROM　169
up counter　107
up down counter　107
UVEPROM　169

V
Very Large Scale Integration　186
VLSI　186
von Neuman　179

W
wired OR　154
word　165
write　165
write cycle time　173
Write Enable　99

X
XOR　21

和文索引

あ 行
アクセス時間　168
アクティブ・ロー　176
アップカウンタ　107
アップダウンカウンタ　107
アドレス　165
1の補数　6
イネーブル　88
イネーブル入力　75
エッジ　96
エッジトリガ型フリップフロップ　96
エッジトリガ型Dフリップフロップ　96
エッジトリガ型JKフリップフロップ　97
エッジトリガ型Tフリップフロップ　97
エミッタ　149
エンコーダ　77
　　優先度つき——　77
オープンコレクタ方式　156
オープンドレイン方式　156

か 行
解釈　183
解析法　119
カウンタ　104
書き込み　165
書き込み可能信号　176
加算　7
加算器　65
カスケード接続　68
加法標準形　27
借り　7
カルノー図　41
完備集合　19
完備性　19
記憶回路　165
キャッシュ　186
キャリルックアヘッド型加算器　70
行アドレス　172
金属酸化物半導体　152
組合せ回路　15
　　——の簡単化　38
　　複数出力の——　56
クロック　90
クワイン・マクラスキー法　49
計数回路　104
桁上がり出力　65
桁上がり入力　66
桁上げ　7
桁上げ出力　7
桁上げ入力　7
桁あふれ　7

索引

桁下がり出力　71
桁下がり入力　71
ゲート　88, 152
減算　9
減算器　70
高速ページモード　173
コレクタ　149
コンパレータ　81
コンピュータ　1, 79
コンピュータアーキテクチャ　186
コンピュータ支援設計　160

さ 行

最小項　27
最大項　27
算術演算　6
算術論理演算命令　182
3状態出力回路　156
シーケンサ　184
自己補正型リングカウンタ　115
シフトレジスタ　112
16進数　5
主項　44
10進法　3
順序回路　15, 103
　　――の解析　121
　　――の設計　124
　　JKフリップフロップを用いた――
　　　127
乗算　9
乗算器　73, 186
状態数最少化　132
　　――の手順　134
状態遷移図　119
状態遷移表　121
状態の統合　132
乗法標準形　29
除算　12
除算器　73
ジョンソンカウンタ　116
シンクロナスDRAM　174
真理値表　16
スイッチ　147
制御信号　180
整流作用　148

積関数　58
積項　27
積和標準形　27
設計データベースシステム　162
設計法　119
セット　86
全減算器　70
ソース　152

た 行

タイミング図　104
ダウンカウンタ　107
多出力関数の主項　58
多数決論理　36
立ち上げ　96
立ち下がり　92
立ち下げ　96
ターンオフバッファ　151
遅延シミュレーション　161
置数器　98
チップ選択信号　176
中央処理装置　186
直列入力並列出力　112
ツイステッドリングカウンタ　116
ディジタル回路　1, 15
デコーダ　75
デコード　183
テストパターン生成プログラム　161
データ　1
データセレクタ　78
デマルチプレクサ　80
電界効果型トランジスタ　152
電子計算機　179
同期カウンタ　109
同期式フリップフロップ　90
同期10進カウンタ　110
特性表　86
トグル　94
トランジスタ　147
ドレイン　152
ドントケア出力　55

な 行

2進法　3
2の補数　6
2分周　105

は 行

パイプライン処理　186
ハザード　90
バス　154
ハードウェア記述言語　161
パリティ　82
パリティ生成器　82
パリティチェッカ　82
半加算器　66
番地　165
反転　94
半導体　147
半導体ダイオード　147
比較器　81
引き放し法　12
否定　17
非同期カウンタ　104
非同期式　86
非同期式SRフリップフロップ　86
ヒューズPLA　159
ヒューズROM　169
標準形　26
標準リングカウンタ　114
ファンアウト　152
フォンノイマン型　179
復号器　75
複数の出力があるときの簡単化　56
符号化器　77
浮動小数点演算ユニット　75
浮動小数点ユニット　186
フラッシュメモリ　169
フリップフロップ　85, 90
ブール代数　19
プログラム　179
プログラムカウンタ　185
分岐命令　184
並列カウンタ　110
並列入力直列出力　113
ベース　149
補数　5
ポート　180
ボロールックアヘッド　70

ま 行

マスクPLA　159
マスタスレーブ型フリップフロップ　92
マスタスレーブ型Dフリップフロップ　92
マルチプレクサ　78
ミーリーグラフ　119
命令　182
命令語　182
命令セット　186
命令フェッチ　183
命令レジスタ　183
メモリ　165
メモリ操作命令　182

や 行

優先度　77
読み出し　165

ら 行

ライト　165
ライトサイクル時間　173
リセット　86
リテラル　27
リード　165
リードサイクル時間　173
リプルカウンタ　105
リプルキャリ型加算器　68
リフレッシュ　171
リングカウンタ　114
励起表　87
レジスタ　98
レーシング　93
列アドレス　172
論理演算　6, 17
論理関数　16
論理シミュレーション　161
論理積　17
論理代数　19
論理段数　131
論理的に隣接する二つの積項　41
論理変数　16
論理和　17

わ 行

ワイヤードOR回路　154
和項　27
和積標準形　29

著者略歴

坂井 修一
（さかい しゅういち）

1981年	東京大学理学部情報科学科卒業
1986年	東京大学大学院博士課程修了
	工学博士
	電子技術総合研究所研究員
1996年	筑波大学電子・情報工学系助教授
1998年	東京大学大学院助教授
2001年	東京大学大学院教授
2024年	東京大学名誉教授

Ⓒ 坂井修一 2003

2003年10月9日　初版発行
2025年3月10日　初版第20刷発行

論 理 回 路 入 門

著　者　坂井修一
発行者　山本　格

発行所　株式会社　培風館
東京都千代田区九段南4-3-12・郵便番号102-8260
電話(03)3262-5256(代表)・振替00140-7-44521

中央印刷・牧 製本
PRINTED IN JAPAN

ISBN 978-4-563-06730-4　C3055